水産学シリーズ

119

日本水産学会監修

マイワシの資源変動と生態変化

渡邊　良朗　編
和田　時夫

1998・10

恒星社厚生閣

ま え が き

　北西太平洋のマイワシ資源量は 1960 年代から 80 年代への 20 年間に十数万
トンから数千万トンへと増加した後，90 年代に入ってピーク時の 1/10 以下に
減少した．これは，北西太平洋のマイワシ資源としては今世紀 2 度目の大変動
であり，世界的にも 1970 年代以降の南米太平洋岸のマイワシ・カタクチイワ
シ資源の増減と並ぶ最も大きな資源変動であった．この変動に伴ってマイワシ
は，成長，生残，回遊，成熟，産卵などの生活史全般にわたって劇的な変化を
示し，それらの変化は詳細な調査によって個別に詳しくとらえられている．

　マイワシの資源変動機構の解明は水産資源学上の大きな課題であり，過去 50
年以上にわたってさまざまな研究が行われ，仮説が提案されてきた．近年は，
生活史初期の生残過程が注目され，耳石を用いた日齢査定をはじめとする新し
い研究手法の導入によって，仔魚期における成長・生残過程の解析が進められ
た．研究の成果は日本水産学会シンポジウム「魚類の初期減耗研究の課題と方
法」（1993 年 10 月）や国際ワークショップ「Survival strategy in early life
stages」（1994 年 10 月）でまとめられた．このころまでの研究は，Hjort の
Critical period 仮説（摂餌開始期の大量減耗）によって資源変動を説明するこ
とを意図して進められた．しかし一連の研究によって得られた知見は，加入量
が初期生活史を通した生残過程によって左右されることを示すなど，資源変動
の解明には生活史全体を通じた生態変化の把握が必要であることを示唆するも
のであった．

　そこで 1998 年 4 月 1 日に，日本水産学会春季大会行事として「マイワシの
資源変動と生態変化」と題するシンポジウムを下記のような内容で東京水産大
学において開催した．このシンポジウムの目的は，マイワシの大規模な資源変
動に伴って各海域でみられた生態変化に関する知見を総括して，資源変動に伴
うマイワシの生態変化の全体像を描き出し，マイワシの資源生物学的特性を明
らかにすることであった．

本書は当日の講演内容を執筆して編集したものである．本書がマイワシあるいは浮魚類の資源研究に広く貢献できれば幸いである．本書の出版に当たり執筆者の方々，日本水産学会の関係各位並びに恒星社厚生閣の担当者各位に大変お世話になった．ここに記して篤くお礼申し上げる．

平成 10 年 5 月

渡邊良朗
和田時夫

マイワシの資源変動と生態変化　目次

Stock Fluctuations and Ecological Changes
of the Japanese Sardine

Edited by Yoshiro Watanabe and Tokio Wada

I. 資源量変動の経過

1. 未成魚・成魚資源

三 原 行 雄*

　マイワシ太平洋系群の分布範囲および漁場は資源の増減に伴って常磐～房総海域を中心に拡大縮小することが知られている[1-5]. 資源低水準期には, 北海道襟裳岬～根室半島にかけての道東太平洋海域（道東海域）に, 本種はほとんど来遊しない. しかし, 資源高水準期に, 道東海域は春～秋季に未成魚・成魚がまとまって来遊する主要な索餌域となり, 1980 年代を中心に太平洋系群全体の年間漁獲量の約 3 割が漁獲されるまき網漁場が形成された. またマイワシの生殖巣の発達には, 索餌期における十分な栄養蓄積が欠かせない条件であることが飼育実験によって実証されており[6], 資源高水準期の太平洋系群にとって, 生産力の高い道東海域[7]への索餌回遊は再生産のために必須であるといえる.

　本小論では, 道東海域における大中型まき網漁況の解析に基づき, 1970 年代～1990 年代前半の当海域への未成魚・成魚の来遊状況と, その太平洋系群全体の資源動向との関係についてまとめた.

§1. 来遊量水準の経年変化

　マイワシの資源水準は 1930 年代[1, 8]と 1980 年代に高かった[2, 4, 5]. 1980 年代の資源高水準期において, 道東海域で本種を漁獲していたおもな漁業は大中型まき網漁業であり, 24 船団が 7～10 月に操業していた. 漁獲対象種は 1959 年から 1975 年まではマサバであった. マイワシは 1973 年からサバまき網やサンマ棒受網に混獲されはじめ, 1974 年および 1975 年には, それぞれ 344 トンおよび 501 トンが水揚げされた. その後, マサバの来遊量が減少したので, 1976 年には主漁獲対象を切り換えて, マイワシまき網漁業が始まった.

* 北海道立函館水産試験場　室蘭支場

漁獲量は，初年度には約 26 万トンであり，その後，1984 年まで増加しつづけて，1983〜1988 年には 100 万トン台の高い水準で安定していた．しかし 1989 年には減少傾向に転じ，6 年後の 1994 年には皆無となった．道東海域と太平洋系群全体の漁獲量の動向を比較すると，増加の兆候がみられた時期，高位安定していた時期，および減少傾向に転じた時期はそれぞれ一致していた（図 1・1）．

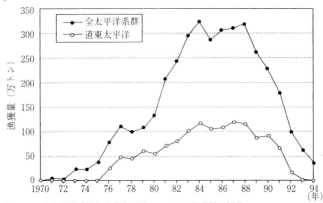

図 1・1　全太平洋系群と道東太平洋のマイワシ漁獲量の推移
太平洋系群については漁業養殖業生産統計年報の北海道区〜太平洋中区の漁獲量を，道東太平洋については北海道さばまき網漁業調整組合資料を用いた．

　道東海域においてマイワシまき網漁業が始まる以前の，1973〜1975 年の来遊群の（被鱗）体長組成は双峰型を示していた．体長が小さい方の 12〜13 cm 台のモードは，年齢と体長の関係から 1973〜1975 年級群の 0 歳魚であると推定された．また体長が大きい方のモードは，1980 年代の資源高水準期のきっかけとなった 1972 年級群[8, 9]の房総〜常磐海域における 1〜3 歳時の体長[8]とほぼ一致していた．このことは，1972 年級群が 1973〜1975 年に道東海域へ，1〜3 歳魚として，主群として来遊していたことを示している（図 1・2）．
　1976 年以降については，道東海域のまき網漁業による，年級群ごとの 1〜3 歳魚の累積漁獲尾数を年級群豊度として，道東海域への来遊量の動向を相対的に推定した（図 1・3）．年級群豊度が中位（累積漁獲尾数 50 億尾前後）の 1975〜1978 年級群の加入以降，来遊量は 1976〜1980 年に緩やかに増加した．その後，年級群豊度がきわめて高位（同 200 億尾以上）の 1980 年級群が加入

したことによって，1981～1984 年には来遊量は大幅に増加した．1983～1988 年には，1980 年級群に加え，年級群豊度が中位～高位（同50～150億尾）の 1981～1987 年級群が連続して加入したことによって，来遊量は高い水準で安定した．しかし1988 年以降の年級群が連続して低位（同10 億尾以下）であったことによって新規加入が途絶え，1989 年以降の来遊量は年々減少し，1993 年以降は 1987 年以前の年級群が寿命により減耗したために，来遊量は大幅に減少した．

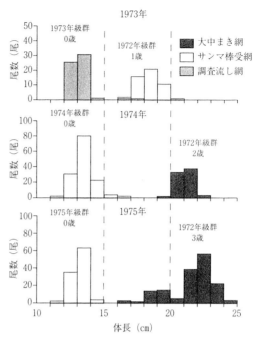

図1·2　道東海域で混獲されたマイワシの体長組成
（1973～75年）

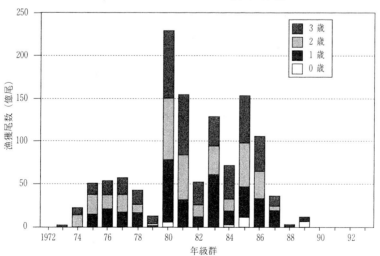

図1·3　道東海域でまき網により漁獲された各年級群の 3 歳までの累積漁獲尾数

　以上のように，道東海域における 1970 年代以降のマイワシの資源水準は次の 4 つの期間に区分される：増加初期（1973～1975 年），増加期（1976～1982 年），高水準期（1983～1988 年），減少期（1989～1994 年）．

§2. 漁況の変化

2・1　年齢組成の経年変化

　増加初期には，0 歳魚と 1972 年級群が 1～3 歳魚として混獲された．増加期には，年々新規加入量が増加したため，1980 年を除いて，2 歳魚以下の若齢魚の割合が全体の 6 割以上を占めた．高水準期には，3 歳魚以上の高齢魚が占める割合は，漁獲率の相対的な低下による取り残し分の急増に伴って高くなった．一方，年々の新規加入量が高位であったために，その割合は 6 割前後で安定していた．減少期には著しく低水準の加入が続いたため，3 歳魚以上の高齢魚の割合が年を追うごとに増加し，1992 年には全体の 98％を占めるに至った．1993 年には，1987 年以前の年級群が 6 歳魚以上となり，寿命を迎えたことから，高齢魚の割合が大幅に減少した（図 1・4）．

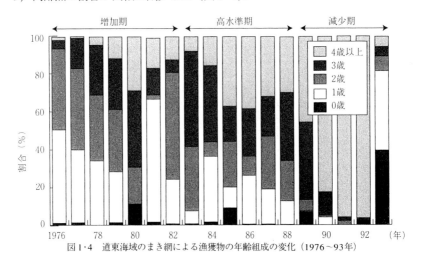

図 1・4　道東海域のまき網による漁獲物の年齢組成の変化（1976～93 年）

　なお，道東海域における漁獲物の（被鱗）体長組成は，漁期前半の 7～8 月には体長 18 cm 以上の大型魚（成魚）が主体を占めているが，漁期が進むにつれて，18 cm 未満の小型魚（未成魚）の割合が増加していく傾向がみられた．

2・2　CPUE の旬別変化

　増加初期には，水揚げがあった月は，1974 年には 7〜8 月であり，1975 年には 7〜9 月であった．また漁獲量が多かった月は，1974 年には 8 月であり，1975 年には 7 月であった．

　1976 年以降のまき網漁業の CPUE（1 網当りの漁獲量）の旬別推移を図 1・5 に示す．増加期には，若齢魚に比べて高齢魚の来遊量が少なかったので，漁期前半の 7〜8 月の漁況は，漁期後半に比べて不安定であった．特に初漁期の 7 月の CPUE は 100〜150 トンを下回っていたが，高齢魚の来遊量増加に伴って，CPUE が増加して漁況が安定する時期が年々早まった．高水準期の 1983〜1984 年には漁期を通して CPUE が 150〜200 トンをこえ，漁期を通して漁況は高い水準で安定していた．しかし 1985 年には 7〜8 月に，1986〜1988 年には，高齢魚と若齢魚が入れ替わる 8〜9 月に，CPUE が 100〜150 トンにまで落ち込み，漁況は一時的に不安定になった．減少期には，増加期とは反対に高齢魚に比べて若齢魚の来遊量が少なかったので，漁況は漁期前半の 7〜8 月に

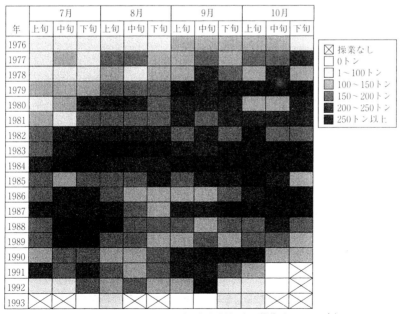

図 1・5　道東海域のまき網 1 網当たり漁獲量の旬別推移（1976〜93年）

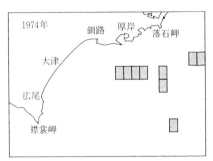

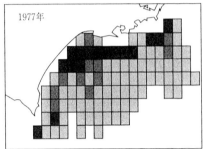

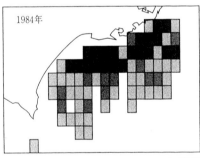

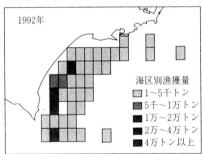

図1·6　道東海域のまき網漁業の海区別漁獲量の推移

比べて，漁期後半の 9～10 月の方が不安定となった．漁況が不安定になる時期は，若齢魚の来遊量の低下に伴って年々早まり，1991 年以降は漁の切り上げ時期も早まった．そして 1993 年には漁獲があった期間は 7 月下旬～8 月上旬および 9 月下旬～10 月上旬だけとなった（図1·5）．

2·3　漁場

　マイワシは増加初期には厚岸～落石岬南 30～100 マイルを中心とする海域でマサバに混獲された．マイワシまき網漁業が始まった 1976 年には，漁場は襟裳岬～落石岬に至る距岸 50 マイル以内の沿岸全域に形成され，漁獲量が多い海域（年間漁獲量が 1 万トン以上）は厚岸～大津沖の水深 200 m 以浅の大陸棚上であった．増加期には，漁場の範囲は来遊量および漁獲量増加に伴って，沿岸から沖合へと年々拡大した．漁獲量が多い海域も大陸棚に沿って，東側の厚岸～落石岬へと拡大した．高水準期には，漁獲量の多い海域は襟裳岬～落石岬に至る道東海域の大陸棚全域に拡大した．沿岸域における漁獲量が大幅に増加したので，沖合域の漁場範囲はやや縮小した．減少期には，厚岸以東および沖合域の漁獲量が減少し，漁場は西側および沿岸へと縮小した（図 1·6）．1993 年の漁場は

西側沿岸の大津～広尾沖だけとなり，1994 年には道東海域のまき網漁場は消滅した．

§3. 漁況予測と太平洋系群の資源評価

三原ら（釧路水試）[10, 11] は，道東海域へのマイワシ来遊群について，同海域のまき網漁業による 1～3 歳魚の累積漁獲尾数から相対的な年級群豊度を把握し，これに基づいて資源水準を推定してきた．この方法によって推定された年級群豊度と資源水準は，和田 [12, 13] によって算出された来遊資源尾数に基づく年級群豊度および資源水準とおおむね一致していた．

道東海域の 1 歳魚の漁獲尾数と，同海域の同年級群の 2 歳魚および 3 歳魚の漁獲尾数の間には，それぞれ正の相関が認められ，各年級群が 1～3 歳時に漁獲される尾数はほぼ同数であった [10]（図 1・7，1・8）．このことは，道東海域のまき網による漁獲が来遊資源にそれほど影響を与えていない [13] ことを示唆するものである．これらの関係に基づいて，道東海域の漁獲量，資源動向および来遊群の年齢組成の予測を行った．

太平洋系群全体の産卵量 [14～18] と道東海域の 1 歳魚の漁獲尾数との間には，産卵量が多ければ 1 歳魚の漁獲尾数が増加するという関係は認められなかった（図 1・9）．しかし，遠州灘～渥美外海のシラスの漁獲量 [19] と道東海域の 1 歳魚

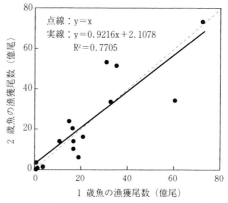

図 1・7　道東海域における 1976～1991 年級群の 1 歳魚と 2 歳魚の漁獲尾数の関係

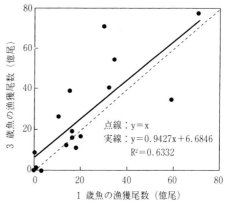

図 1・8　道東海域における 1975～1990 年級群の 1 歳魚と 3 歳魚の漁獲尾数の関係

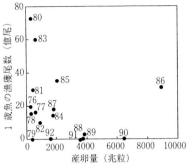

図1・9 太平洋系群の産卵量と道東海域の1歳
魚の漁獲尾数との関係. 産卵量は渡部[14],
森ら[15], 菊地ら[16], 石田ら[17], 銭谷ら[18]
による. 図中の数字は年級を示す.

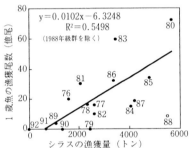

図1・10 遠州灘・渥美外海のシラス漁獲量と道
東海域の1歳魚の漁獲尾数との関係. シ
ラス漁獲量は愛知県・静岡県年次報告,
原田[19] による. 図中の数字は年級を示す.

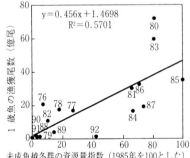

図1・11 房総・常磐海域の未成魚越冬群の1985年
を100とした資源量指数と道東海域の1歳魚
の漁獲尾数との関係. 未成魚越冬群指数は内山
[20], 平本[21] による. 図中の数字は年級を示す.

の漁獲尾数との間には, 1988年級群を除いて正の相関が認められた (図1・10). また常磐〜房総海域の未成魚越冬群の資源量指数[20, 21] との間にも, 正の相関が認められた[21, 22] (図1・11). これらのことは1年前の遠州灘〜渥美外海のシラスの漁獲量および半年前の常磐〜房総海域の未成魚越冬群の資源量指数から, 道東海域に新規に加入する1歳魚の漁獲尾数の予測が可能であることを示している. これらの関係に基づいて予測された漁獲尾数から, 来遊群の年級群豊度, 年齢組成および資源水準の推定が可能であった. さらに道東海域へは高齢魚が先行し, 遅れて若齢魚が来遊する傾向がみられるので, 来遊群の年齢組成に基づいて, 来遊時期や盛漁期の予測も可能であった.

資源高水準期には, 道東海域は太平洋系群の1歳以降の未成魚・成魚にとって主要な索餌域となり, 魚群は夏〜秋季に大挙して来遊する. 同海域における来遊資源量は1977〜1980年には100〜200万トン, 1982〜1984年には240〜320万トンと推定された[13]. また1984年9月19〜23日の現存量は726〜1,289万トンとも試算された[23]. 同海域の漁獲量は, 太平洋系群全体の漁獲量の1/3を占めていた. それゆえ同海域で評価された年級群豊度および資

源水準は，太平洋系群全体の未成魚・成魚期における資源評価の指標になっている．

　先に示したとおり，常磐〜房総海域の未成魚越冬群の資源量指数と道東海域の1歳魚の漁獲尾数との間，および道東海域の1歳魚の漁獲尾数と同海域の2，3歳魚の漁獲尾数との間に，それぞれ正の相関がみられることは，各年級群の未成魚越冬期から3歳魚に至るまでの生残率の年変動が大きくないことを示している．道東海域への来遊量が急激に低下した1988年以降の年級群の資源水準は，未成魚越冬期にはすでに低位になっており，特に1988年級群においてシラス〜未成魚越冬期の間に大きな減耗があったことが指摘されている[24]．これらのことは，1988年級群以降の連続した年級群豊度の低下の原因が，未成魚越冬期〜成魚期の間の漁獲をはじめとする減耗によるものではないことを明らかに示すものである．しかし成魚期における栄養状態や成長の悪化が，卵〜幼魚期の生き残りにマイナスの影響を及ぼしている可能性が指摘されている[13, 14, 25]．

　以上のように，道東海域において未成魚・成魚の来遊群の量や年齢構成を把握することは，特に資源高水準期における太平洋系群全体の資源動向を予測する上で重要な意義を持つものであった．

文　献

1）平本紀久雄：千葉水試研報，39，1-127（1981）．
2）黒田一紀：中央水研報，3，25-278（1991）．
3）渡部泰輔：月刊海洋，25，410-420（1993）
4）平本紀久雄：私はイワシの予報官，草思社，1991，pp.146-173．
5）近藤恵一：東海水研報，124，1-33（1988）
6）靏田義成：水産海洋研究，51，51-54（1987）．
7）寺崎　誠：日本周辺海域のプランクトンについて，続・日本全国沿岸海洋誌（日本海洋学会沿岸研究部会編），東海大学出版会，1990，pp.265-281．
8）近藤恵一・堀　義彦・平本紀久雄：マイワシの生態と資源，日本水産資源保護協会，1976，pp.23-26．
9）渡部泰輔：漁業資源研究会議報，19，67-

10）三原行雄：釧路水試だより，59，18-22（1988）．
11）三原行雄・和田時夫：水産海洋研究，54，190-193（1990）．
12）和田時夫：水産海洋研究，55，398-402（1991）．
13）和田時夫：北水研報，52，1-138（1988）．
14）渡部泰輔：水産海洋研究，51，34-39（1987）．
15）森　慶一郎・黒田一紀・小西芳信（編）：日本の太平洋岸（常磐〜薩南海域）におけるマイワシ，カタクチイワシ，サバ類の月別，海域別産卵状況：1978年1月〜1986年12月，東海水研，1988，321pp．
16）菊地　弘・小西芳信（編）：日本の太平洋岸（常磐〜薩南海域）におけるマイワシ，

カタクチイワシ，サバ類の月別，海域別産卵状況：1987 年 1 月～1988 年 12 月，中央水研・南西水研，1990，72pp.

17）石田　実・菊地　弘（編）：日本の太平洋岸（常磐～薩南海域）におけるマイワシ，カタクチイワシ，サバ類の月別，海域別産卵状況：1989 年 1 月～1990 年 12 月，南西水研・中央水研，1992，86pp.

18）銭谷　弘・石田　実・小西芳信・後藤常夫・渡邊良朗・木村　量（編）：日本周辺水域におけるマイワシ，カタクチイワシ，サバ類，ウルメイワシ，およびマアジの卵仔魚とスルメイカ幼生の月別分布状況：1991 年 1 月～1993 年 12 月，水産庁研究所資源管理報告シリーズ A-1，1-368（1995）.

19）原田　誠：平成 7 年度マイワシ資源等緊急調査の概要，31-39（1995）.

20）内山雅史：平成 7 年度マイワシ資源等緊急調査の概要，88-89（1995）.

21）平本紀久雄：イワシの自然誌，中公新書，1996，pp.103-143.

22）平本紀久雄・鈴木達也・内山雅史：千葉水試研報，53，1-4（1995）.

23）原　一郎：さかな，45，9-20（1985）.

24）土屋圭己：茨城水試研報，28，73-79（1990）.

25）松川康夫：月刊海洋，25，385-389（1993）

2. シラス資源

岸田　達＊・須田真木＊

　日本周辺のマイワシ *Sardinops melanostictus* 資源は，1960 年代の低水準期から 1970 年代の増加期，1980 年代の高水準期，1980 年代の終わりに始まった減少期，そして再び現在の低水準期へと大きく変動した．先の低水準期と 1980 年代の高水準期では，漁獲量の平均の差は 70 倍以上になった（図 2·1）.

このようにマイワシ資源は 4 つの相からなる比較的単純な単峰型の変動を示したが，マイワシの加入量についてみると年による変動が激しかったことが知られている [1, 2]．本報告では，加入量決定の途上にあるシラス期に焦点を当て，その年変動を概観し，次にシラス期以前，以後の減耗率の年変動などについて述

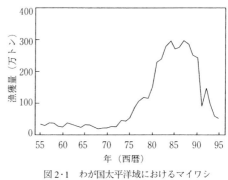

図2·1　わが国太平洋域におけるマイワシ漁獲量の経年変化

べる．シラスには，後期仔魚期から稚魚期にかけての発育段階のものが含まれるが，漁獲物のサイズをみると全長 15〜40 mm 程度，日齢は全長 20 mm の個体でほぼ20 日，30 mmでほぼ30日程度である [3]．

§1. シラス漁獲量，分布域

　1994 年に年間 1000 トン以上のシラスを漁獲した県をあげると，太平洋側では宮崎，愛媛，高知，愛知，静岡，千葉，茨城の各県，東シナ海・日本海側では鹿児島・山口両県で（瀬戸内海は除く），暖流が流れる海域の沿岸にあたっている．ただし，このシラス漁獲量にはマイワシ，カタクチイワシ *Engraulis japonicus*，さらにウルメイワシ *Etrumeus teres* が混じっている．太平洋側に

＊ 水産庁中央水産研究所

20

おける南区（宮崎～和歌山県），中区（三重～千葉県），北区（茨城県以北）の
海域別シラス漁獲量を 3 種込みでみると図 2・2 の通りである．1980 年代がや
や多いものの，どの海域もシラス全体では変動は小さい．

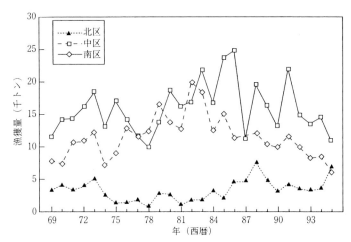

図 2・2　太平洋域での海域別シラス漁獲量．南区：宮崎～和歌山県・中区：三重～千葉
　　　　県・北区：茨城～青森県．魚種はマイワシ，カタクチイワシ，ウルメイワシの混み．

マイワシシラス（以下マシラス）資源の変動を知るには，長期にわたるシラ
ス漁獲物の種組成資料が必要であるが，静岡，愛知両県についてこれが入手可

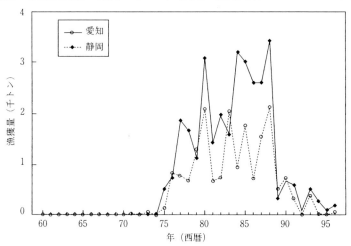

図 2・3　愛知，静岡両県でのマシラス漁獲量経年変化

能であった．この両県では遠州灘・渥美外海においてシラス船曳網漁業が営ま
れ，その漁獲量と種組成が調査されている．それによるとマシラス漁獲量は
1975，76 年から急増し，その後，高水準を維持したが 1989 年には急激に落
ち込みその後，低水準となった（図 2・3）．マイワシ太平洋系群の最近の資源
増大期において最初の卓越年級群が発生したとされる 1972 年 [4] にはマシラス
の漁獲量はまだ少なかった．

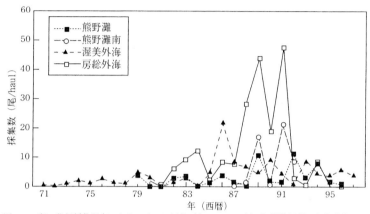

図 2・4　卵・稚仔採集調査によるマイワシ仔魚（主に10 mm 以下）採集尾数の経年変化

　一方，各県の卵稚仔調査の結果を見ると [5~11] 太平洋沿岸の海域別・仔稚魚採
集数（丸特ネットはノルパック改良型ネットによる主に全長 10 mm 以下の仔
魚採集尾数）は図 2・4 の通りである．これによればマイワシ仔魚採集数は
1980 年後半から増加が顕著になり，1989，91 年にピークが出現した．これを
太平洋側におけるマイワシ産卵数の年変動と比較すると卵出現のピークは
1986，90 年であり，その点は必ずしも一致していないが，1980 年代の後半に
山がある点では傾向が似ている．しかし，仔魚採集数は，主に全長 15〜40
mmのマシラス漁獲量の年変動とは以下に示すごとくずれを示していた．両県
のマシラス漁獲量の合計値を図 2・4 の仔稚魚採集数で除した値を 10 mm 以下
の仔魚からシラス期までの生残率のおよその指標と見なし，これの経年変動を
求めた（図 2・5）．1971 年から 1996 年の平均値に対して 1976〜1988 年の指
数は高い値を示した．すなわち，この間は仔魚からシラス期にかけての生残率
が相対的に高く，逆に 1989〜1991 年は仔魚は多くてもシラスまでの生残率が

小さかったことを示すものである.

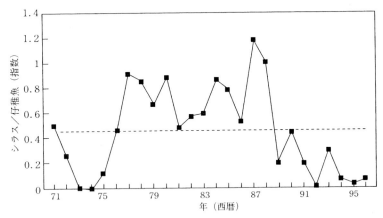

図2・5 愛知・静岡両県でのマシラス漁獲量をマイワシ仔魚採集尾数
（図2・4の平均）で除した値. 点線は1971〜1996年の平均値.

§2. マシラス豊度

　愛知県の渥美外海及び静岡県の遠州灘には冬〜春季を中心に，黒潮によって
輸送されてきたマシラスが来遊する. ここでのマシラス来遊状況は黒潮の流路
によって変動し，直進型（N型）の時は不漁となり蛇行型の時は豊漁となるこ
とが知られている [12〜14]. つまりここでの漁獲量が常に太平洋域全体のマシラス
豊度を反映しているわけではない. そこで，岸田ら [15] はマシラスの日別漁獲量，
努力量から当該海域への来遊量を計算し，さらに黒潮流路の位置を勘案してマ
シラス豊度を推定する方法を提案した. 日別漁獲量，努力量から計算した当該
海域へのマシラス来流量を R，伊勢湾口部を通る東経 137°における黒潮流軸
の中心緯度を K とすると，マシラス豊度 A は，

$$A = R / (141 - 4.15 K)$$

で表された. 東経 137°における黒潮流軸の位置が南にあるほど（蛇行が大き
いほど）当該海域への来遊率（R/A）が高くなることがわかる. この式を用
いて計算した 1979〜1992 年の太平洋側のマシラス豊度の変化を図 2・6 に示
す. 1980, 1983, 1988 年などの豊度が高かった.

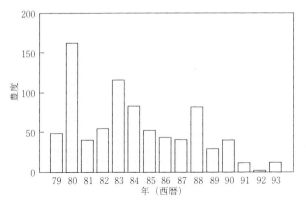

図2·6　太平洋域におけるマシラス推定豊度（岸田ら [15] を改変）

§3. シラス期以前と以降の生残指数

Suda and Kishida [16] は，シラス期以前と以降の生残指数としてマシラス豊度と産卵量，及びマシラス豊度と加入量指数の比をそれぞれ計算し，その経年変化をみた（図 2·7）．産卵数は，各県の卵稚仔調査結果を中央水研，南西水研が取りまとめたものによった [17~20]．加入量は北海道立釧路水試による道東のまき網漁獲物の年齢組成調査から求めたものを用いた [1]．1987 年まではシラス期以前，以降とも全体的に生残指数が高いが，同時に年変動が極めて大きいのが特徴である．シラス期以前では 1980，1983 年に，シラス期以降では 1981，1985，1986 年にピークがみられた．シラス期以前は 1986 年頃から，シラス

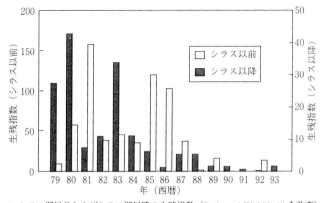

図2·7　シラス期以前およびシラス期以降の生残指数（Suda and Kishida [16] を改変）

期以降は 1988 年ごろから生残指数は低水準になった．また，1987 年以前は同じ年の中でシラス期以前と以降の生残指数のどちらか一方が高いという傾向がみられ，両時期とも揃って生残指数が突出して高い年はみられなかった．しかし，どちらかの段階で高い生残率を得た年は卓越年級になっていた場合が多かった．この期間で卓越していた年級は，1980，1981，1983，1985 年などであるが，図 2・7 をみると，1980，1983 年はシラス期以前の生残指数が極めて高く，シラス期以降については平均並であった．一方，1981，1985 年はシラス期以前は平年並であるが，シラス期以降での指数が高かった．つまり，加入の成功，失敗は必ずしもシラス期までの生き残りの良否のみでは決まっていなかったことがわかる．なお，図 2・5 をみると 1984，1987，1988 年などはネットで採れた仔魚期からシラス期までの生残率は高かったが，シラス期以前を通しての生残指数はそれほど高くなかった．このことは，これらの年では卵から仔魚までの生残が悪かったことを示すものであろう．逆に 1983 年は，シラス期以前を通しての生残指数は高かったが仔魚からシラス期の値はそれ程でもないことから，卵から仔魚までの生残率が極めて高かったことが推察される．

§4. 個体群動態モデルを用いた減耗要因の考察

図 2・7 から分かるとおりシラス期以前と以降の生残指数の年変動は一致していないことから，それぞれの発育段階における減耗要因が同一のものではなく，卓越年級を形成する条件も一つではないことがうかがわれる．一般に海産仔稚魚の大量減耗要因は飢餓，被食などにあると見られている[21]．しかし，これらの要因がマイワシに対して減耗要因として働く発育段階は同一ではないことは容易に想像できる．例えば，飢餓死亡は卵黄を吸収して栄養を外部に求め始める摂餌開始期に最も多いと考えられるが，発育が進み索餌能力，摂餌能力が増加してくればその危険は小さくなるであろう．他方，被食については相手がフィルターフィーダーの場合は卵・仔魚の段階で起こるが，より大型の魚食性魚類あるいはイカ類などによる被食は，捕食者にとっての餌の適正サイズがより大きいところにあるであろうし，マイワシの側も集群性を示すようになるとか色素胞が完成して視認されやすくなるなど，より発育が進んだ段階で起こりやすくなるのではないかと考えられる．

　Kishida and Suda [22] はこれらの減耗要因を組み込んだマイワシ個体群動態モ
デルを構築して加入以前の減耗要因に関するモデル実験を行った. 減耗要因に
関するパラメータの大きさについては定量的には殆ど知られていないが, モデ
ルのシミュレーションで得られる漁獲量が現実の値に適合するよう調整を行う
ことなどにより決定した. この個体群動態モデルを用い, 1) 餌生物密度一定
で捕食者・競合者は実測の指数 (主に漁獲量) に合わせて外部から与える (種
間関係モデル), 2) 競合者・捕食者は一定で餌密度は実測のプランクトン量を
与える (餌モデル) とした2つの実験を行い, 卵から体長30 mm までの生残
率, そこからふ化後半年までの生残率をそれぞれシミュレートすると, 30 mm
以前については 1980, 1983 年が高いという点で 2) の餌モデルの結果がシラ
ス期以前の生残指数の推定値 [16] とよく適合していた. 30 mm 以降については
1981, 1982, 1985, 1986 年などが高いという点で種間関係モデルがシラス
期以降の生残指数の推定値 [16] とより類似していた (図2・8). すなわち, おおよ
そシラス期までの減耗は餌密度に依存, つまり飢餓死亡の多寡に依存している
部分が大きく, それに対してシラス期以降は被食など種間関係の影響がより強
く出てくるのではないかと考えられよう. ただし, このことはあくまでも多く
の仮定を含むモデルによる机上の実験から導かれたことであり, これを検証す
るためにはフィールドにおける更なる調査が必要であることはいうまでもない.

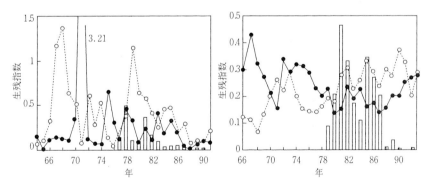

図2・8　個体群動態モデルによる30mm 以前とシラス期以前の生残指数 (左), および30mm 以降とシ
ラス期以降の生残指数 (右). 折れ線はモデルのシミュレーション (実線:餌モデル, 点線:種間関係
モデル). 棒グラフはSuda and Kishida [16] によるシラス期以前と以降の値(Kishida and Suda [22] を改変)

文　献

1 ） T. Kishida and H. Matsuda : *Fish. Ocea-nogr.*, 2, 278-287（1993）.

2 ） 中央水産研究所：長期漁海況予報 中央ブロック, 95, 中央水研, 1995, pp.19-23.

3 ） 勝又康樹：平成 5 年度マイワシ資源等緊急調査の概要, 水産庁, 1994, pp.17-24.

4 ） 黒田一紀：水産海洋研究, 52, 289-296（1988）.

5 ） 武田保幸：中央ブロック卵・稚仔, プランクトン調査研究担当者協議会研究報告, 13, 中央水研, 1993, pp.10-21.

6 ） 山田浩且：同誌, 15, 中央水研, 1995, pp.12-18.

7 ） 山田浩且：同誌, 17, 中央水研, 1997, pp.27-30.

8 ） 中村元彦：同誌, 17, 中央水研, 1997, pp.31-35.

9 ） 内山雅史：同誌, 14, 中央水研, 1994, pp.44-53.

10） 佐藤圭介：同誌, 16, 中央水研, 1996, pp.38-45.

11） 佐藤圭介：同誌, 17, 中央水研, 1997, pp.52-60.

12） 岩田静夫・三谷 勇：海洋科学, 19, 477-484（1987）.

13） 河尻正博：水産海洋研究, 52, 230-235（1988）.

14） 船越茂雄：愛知水試研究業績 B 集, 10, 1990, 208pp.

15） 岸田 達・勝又康樹・中村元彦・柳橋茂昭・船越茂雄：中央水研報, 6, 57-66（1994）.

16） M. Suda and T. Kishida : *Fisheries. Sci.*, 63, 60-63（1997）.

17） 森 慶一郎・黒田一紀・小西芳信（編）：日本の太平洋岸（常磐～薩南海域）におけるマイワシ, カタクチイワシ, サバ類の月別, 海域別産卵状況：1978 年 1 月～1986 年 12 月, 東海水研, 1988, 321pp.

18） 菊地 弘・小西芳信（編）：日本の太平洋岸（常磐～薩南海域）におけるマイワシ, カタクチイワシ, サバ類の月別, 海域別産卵状況：1987 年 1 月～1988 年 12 月, 中央水研・南西水研, 1990, 72pp.

19） 石田 実・菊地 弘（編）：日本の太平洋岸（常磐～薩南海域）におけるマイワシ, カタクチイワシ, サバ類の月別, 海域別産卵状況：1989 年 1 月～1990 年 12 月, 南西水研・中央水研, 1992, 86pp.

20） 銭谷 弘・石田 実・小西芳信・後藤常夫・渡邊良朗・木村 量（編）：日本周辺水域におけるマイワシ, カタクチイワシ, サバ類, ウルメイワシ, およびマアジの卵仔魚とスルメイカ幼生の月別分布状況：1991 年 1 月～1993 年 12 月, 水産庁研究所資源管理研究報告シリーズ A-1, 1-368pp.

21） W. S. Wooster and K. M. Bailey : *Can. Spec. Publ. Fish. Aquat. Sci.*, 108, 153-159（1989）.

22） T. Kishida and M. Suda : *Bull. Natl. Res. Inst. Fisheries Sci.*, 11, 37-64（1998）.

II. 成魚の生態変化

3. 親潮域での回遊範囲と成長速度

和 田 時 夫 *

マイワシ *Sardinops melanostictus* では，資源変動にともない著しい分布・
回遊や個体成長の変化を示すことが知られている [1~6]．わが国の太平洋側の中
部から北部水域に分布するマイワシ太平洋系群 [2] は，資源の高水準期には索餌
域を北海道から千島列島にかけての親潮水域に拡大する [7]．本稿では，襟裳岬
から根室半島にかけての北海道南東部水域（道東海域）に来遊したマイワシの
成魚を対象に，密度依存的な個体成長や分布の変化を述べる．次いで，捕食に
おける機能的反応のモデルを用いて，索餌域面積と個体成長の変化が，個体群
密度の増加に対するマイワシの生態学的応答の一環として相互に関連している
ことを示す．さらに，密度依存的な索餌域の拡大と，それにともなう個体成長
の変化が，資源の増加あるいは増加した資源量の維持に果たす効果を評価する．

§1 資源変動にともなう個体成長と分布の変化

マイワシ太平洋系群の資源は 1950～1960 年代には極めて低い水準にあった
が，1970 年代に入り増加に転じ [4]，以後 1980 年代の前半まで急激な増加を続
けた．これにともない，道東海域へは 1973 年以降夏から秋にかけて来遊する
ようになり [7,8]，1976 年以降は大中型まき網漁業で多獲された [7]．まき網の漁
獲統計資料に基づいて計算された道東海域への来遊資源量 [9~11] は，1980 年代
中頃には約 360 万トンのピークに達した．しかし，1988 年以降は急速に減少
し 1992 年には 1976 年を下回る水準にまで低下した．また，来遊資源尾数も
来遊資源量と同様に変化した．来遊したマイワシは主に 1～4 歳魚で，0 歳魚
の出現は少なく年による変動が大きかった（表3・1）．

年級別に年齢別平均体長をみると，卓越した 1980 年級以降の年級で成長が

---

* 中央水産研究所

表3·1　1976～1992年の道東海域に来遊したマイワシの年齢別資源尾数（100万尾）および来遊資源量（千トン）

年齢／年	1976	1977	1978	1979	1980	1981	1982	1983	1984
0	47	153	0	275	1,015	200	46	140	1,563
1	2,921	5,271	4,283	5,189	88	14,145	8,383	2,551	16,323
2	2,606	5,984	3,642	7,519	2,821	675	24,342	12,974	3,680
3	262	2,296	3,353	6,460	5,215	5,840	2,592	20,197	17,593
4	76	84	557	1,866	2,456	3,029	4,637	1,113	7,132
5以上	0	0	51	36	475	520	1,279	1,297	2,399
合計	5,911	13,787	11,886	21,345	12,069	24,409	41,279	38,271	48,690
来遊資源量	652	1,405	1,181	2,210	1,337	2,189	2,727	2,562	3,600

年齢／年	1985	1986	1987	1988	1989	1990	1991	1992
0	3,005	107	267	45	1,435	0	0	56
1	2,072	9,081	13,793	5,642	104	1,220	39	0
2	6,524	891	10,965	5,151	2,105	226	302	0
3	6,999	5,285	8,792	11,526	10,828	5,643	254	33
4	7,840	5,285	8,650	8,431	5,146	9,017	4,541	156
5以上	2,203	7,314	4,590	6,428	1,501	2,664	8,539	2,189
合計	28,644	27,962	47,058	37,224	21,118	18,769	13,676	2,434
来遊資源量	2,275	2,346	3,261	3,057	1,824	1,916	1,474	319

著しく低下しており，特に1980年級では，1970年代の年級に比べて1～2年程度成長が遅れていた．しかし，1988年級以降は回復する傾向を示した（図3·1）．肥満度および消化管回りの脂肪重量率（脂肪重量／体重×100）は，測定をはじめた1978年以降減少し，来遊資源量がピークに達した1980年代中頃には低い水準で変動したが，1990年には1978年の水準に回復した（図3·2）．道東海域に来遊したマイワシの年齢別平均体長，肥満度，および脂肪重量率と来遊資源量の間にはそれぞれ負の相関関係が認められており[11, 12]，これらの個体成長の指標の経年的な変化は，来遊資源量の増加にともなう密度依存的な現象であると考えられる[9, 11, 12]．また，これら個体成長指標と三陸～道東海域の1～6月および7～12月の表面水温の間には，それぞれ負および正の相関関係があり，個体成長に対する，餌料生物生産の変化を媒介とした物理環境の影響が示唆されている[11, 12]．

　一方，資源量の増加にともない成魚や未成魚の索餌域も北方および沖合域に拡大したことが観察されている．わが国やロシアの調査の結果によれば，太平洋系群の資源量がピークに達した1980年代の中頃には分布は北部太平洋の中

央部における，その東端は西経165度付近に，また北端はカムチャッカ半島南部に達した [6, 13]．しかし，その後資源の減少にともなって分布域は縮小し，最近では北海道周辺以南の海域にとどまっていると推察される．

このような個体成長の低下や索餌域の拡大は，成熟年齢の高齢化や産卵場の移動と対応している．1980年級以降では，それまで2歳であった成熟年齢が3歳以上に変化したこと [14, 15]，主産卵場は1980年以降本州中部海域から薩南海域へ移動し，さらに1983年頃からは黒潮主流域へ拡大

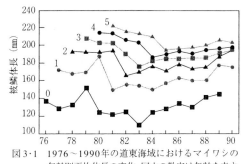

図3・1　1976〜1990年の道東海域におけるマイワシの年齢別平均体長の変化．図中の数字は年齢を表す．

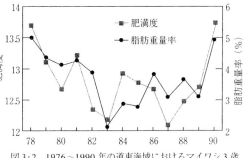

図3・2　1976〜1990年の道東海域におけるマイワシ3歳魚の肥満度および消化管周りの脂肪重量率（％）の変化

したことが報告されている [6, 14〜18]．また，成熟年齢の高齢化は，道東海域へ来遊するマイワシの多年齢化と年齢組成の高齢化をもたらした（表3・1）．

§2. 密度依存的な索餌域選択

2・1　密度依存的な個体成長のモデル

回遊性浮魚類の餌料の利用は，回遊の期間や経路によって時間的，空間的に制限される．加えて餌料生物の種組成やサイズ組成も，その魚種の摂餌様式や餌料に対するサイズ選択性を通じて，具体的な餌資源の利用を制限する．一方，その魚種の個体群密度の増加により，1尾あたりの餌の割当量は減少する．したがって，ある索餌域におけるある魚種の個体成長量は，その索餌域の餌料豊度，その魚種にとって実際に利用できた餌の割合（利用度）および，その魚種の個体群密度の関数で表すことができる．

Wada and Kashiwai [13] は，捕食における機能的反応のモデルをベースに，個体成長量と資源量の間に，索餌域面積，索餌努力，および餌料豊度をパラメータとする線形回帰モデルを導き，道東海域に来遊するマイワシ資源にあてはめた．

捕食者個体数を N，1 個体の捕食者の単位時間あたりの索餌面積を a，索餌域全体の面積を A，摂餌開始時点（$t=0$）での餌料重量を W_0 とすると，時間0から t の間の捕食者個体群による摂餌量 C は，

$$C=W_0\{1-\exp\ (-atN/A)\} \qquad (3\cdot1)$$

で表される．これは捕食における機能的反応を示すモデル（Nicholson-Bailey の寄主－寄生者モデル [19]）である．ここで，成長効率（成長量／摂餌量）を g とすると，時間 0 から t の間の捕食者個体群の成長量 P は（$3\cdot1$）式から，

$$P=gW_0\{1-\exp\ (-atN/A)\} \qquad (3\cdot2)$$

である．1 個体あたりの成長量 P/N は，（$3\cdot2$）式の指数部分を展開して，

$$P/N=gW_0\ (at/A)\ \{1-\ (at/A)\ (N/2)\} \qquad (3\cdot3)$$

で近似される．（$3\cdot3$）式は個体数 N に対する負の傾きを持つ直線を表し，個体成長量 P/N が密度依存的に減少することを示している．at/A は捕食者 1個体の索餌期間中の索餌域の利用率を表すとともに，密度依存の程度の指標である．gW_0 は索餌域に存在した成長に有効な初期餌料豊度を表し，$gW_0\ (at/A)$ は捕食者個体群の密度が低いときの可能な最大個体成長量である．

2・2　モデルのあてはめ

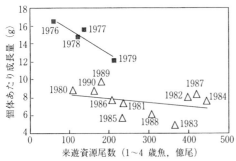

図 3・3　1976～1990 年の道東海域におけるマイワシの個体成長と来遊資源尾数の関係．個体成長は 1～4 歳魚の来遊資源尾数による荷重平均値．来遊資源尾数は 1～4 歳魚の合計値．

親潮水域での索餌期間を 6～9 月の 4 ヶ月間と仮定し，来遊資源の主体である 1～4 歳魚を対象に，年級別の成長式と各年の体長－体重関係から索餌期間中の個体あたりの増重量を計算し，来遊資源尾数との関係を検討した（図 3・3）．関係は 1980 年を境にその前後で異なった．相対的に資源量水準が低い

1976〜1979 年では，個体成長は良好であるが資源量の増加にともなう成長量の低下，すなわち密度依存的成長の傾向が顕著であった．一方，相対的に資源量水準が高い 1980〜1990 年では，個体成長量は低水準であるが，資源増加にともなう成長量の低下はわずかであった．1976〜1979 年と 1980〜1990 年の関係に，それぞれ（3・3）式の回帰モデルをあてはめ，密度依存の程度の指標，有効初期餌料豊度，個体成長量を計算した．個体成長量は，1976〜1979 年が 1980〜1990 年の 2 倍，密度依存の程度は前者が後者の約 3 倍で，この結果として初期餌料豊度は，後者が前者の 1.5 倍を示した（表 3・2）．また，1 個体の索餌努力 *at* が変化しないとすると，1980〜1990 年の索餌域の面積は，1976〜1979 年に比べて約 3 倍に拡大したと考えられた．

表 3・2 個体成長－資源量モデル（（3・3）式）のあてはめによる，
年代別の個体成長量，有効初期餌量豊度および密度依存の指数

特性値	1976-1979	1980-1990
個体あたりの成長量（gW_0（at/A）；g/尾）	18.2	8.9
有効初期餌量豊度（gW_0；10^4 トン）	62.9	94.1
密度依存の指数（at/A；10^{-11}）	2.9	0.94

　この結果は，ある資源尾数の範囲では，成長に有効な初期餌料豊度は一定であり，競争的利用の結果個体成長は密度依存的に変化することを示している．また，資源水準に応じて「理想自由分布」[20] にしたがう密度依存的な索餌域の選択が行われていることを示唆する．すなわち，資源量水準が低い間は，相対的に狭いが餌料密度の高い索餌域を利用する．しかし，資源量の増加とともに個体あたりの餌料密度が低下するにつれて，その外側の餌料密度が低い水域へも索餌域を拡大するものと考えられる．また，索餌域拡大の結果として個体成長は低下するが，資源全体としてはより大量の餌料を確保することができたと考えられる．

　索餌域の拡大は，索餌域全体に来遊するマイワシ資源に対する道東海域のまき網漁場への来遊資源量の相対的な低下を意味する．太平洋系群全体を対象としたコホート解析結果（中央水産研究所）によれば，1980〜1990 年の各年の資源量は，1979 年の資源量の 1.7〜4.2 倍であった．したがって，1980 年以降では，計算された来遊資源尾数（表 3・1）は，索餌域に来遊したマイワシ資

源尾数の指標としては過少推定となっている.

§3 資源水準維持における効果

Matsuda *et al.*[21] は,マイワシの資源変動では高水準期と低水準期がそれぞれマイワシの平均世代時間(5～6 年程度)を越えて持続することから,個体群変動は通常の密度依存的な調節過程では説明できないことを指摘している.マイワシ資源が増加期から極大期にあった 1977～1988 年では,資源量と再生産率(子世代の産卵資源尾数／産卵資源尾数)の間には負の相関関係が認められた[11].しかし,個体成長と再生産率の間には統計的に有意な関係はなく,密度依存的な個体成長の変化が加入量変動に直接に影響しているとの証明は得られかった[11].

一方,Wada and Jacobson(投稿中)は,マイワシ太平洋系群を対象に 1950 年代から最近にいたる再生産関係を復元した(図 3・4).これによれば,再生産関係は 1950～1960 年代および 1988 年以降の資源の減少期および低水準期と,1970 年代初めから 1987 年までの資源の増加期および高水準期に分けられ,それぞれの年代で密度依存的ではあるが,環境収容力には極めて大きな違いがあった.1960 年代には産卵量水準は低いにもかかわらず,再生産指数(加入尾数／産卵量)は低い水準にとどまるのに対し,1980 年代では産卵量は著しく増加するが,再生産指数は高い水準に維持された.

この現象を説明するためには,産卵量の多寡がそのまま加入量の大小につながるような,再生産関係における正のフィードバックの存在を想定する必要が

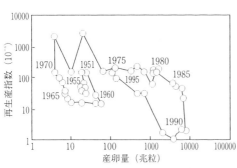

図 3・4 1951～1995年のマイワシ太平洋系群の
産卵量と再生産指数の関係

ある.最近,マトリックスモデルを用いたカリフォルニア海流域のマイワシ *Sardinops sagax* やカタクチイワシ *Engraulis mordax* の生活史初期の成長と生残に関する研究の結果,これらの加入量変動が,主として仔魚期から稚魚期の個体成長に依存した死亡

率の変化に支配されていることが指摘されている[22, 23]．また，主産卵場の黒潮主流域への移動は，産卵場内での産卵資源密度の上昇に対応して起こっていることが観察されている[18]．したがって，産卵資源密度に比例する形で，仔稚魚の成育場の環境収容力が変化すれば，正のフィードバックループが形成され，大規模な加入量変動が引き起こされると考えられる．

　そこで，和田[*1]は，具体的な過程として，産卵場の密度依存的な変化と対応した卵・仔稚魚の輸送条件の変化による，仔稚魚成育場面積の増減を想定した（図3・5）．すなわち，資源の高水準期には，産卵場が薩南海域から黒潮主流域に拡大することにともない，仔稚魚の輸送条件が好転し，成育場が黒潮内側を中心とする比較的狭い水域から黒潮と親潮の間の広範な遷移水域に拡大する．これにより成育場の環境収容力が飛躍的に増大し，産卵量の増加にもかかわらず仔稚魚の良好な生き残りが期待できるとする考え方である．気候変動に対応して餌料生産性が著しく変化し，仔稚魚成育場の環境収容力が短期間に大きく変化するようなことがあれば，連続した加入の成功あるいは失敗を通じて，観察されているような資源量の急激な変化が起こると考えられる．

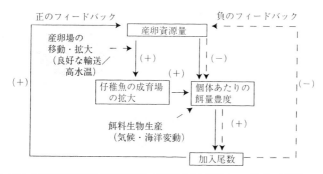

図3・5　マイワシ太平洋系群の再生産関係において想定される正のフィードバック過程
　　　　図中の（＋），（－）の記号は，それぞれ，要素間の相関関係が正あるいは負であることを表す

　以上のような過程を組み込んだ個体群動態モデルにより，資源の低水準から高水準への急激な増加が再現されており[*2]，この仮説はマイワシ個体群の大変動を説明するモデルとして有力なものであると考えられる．成魚における密度

---

*1　和田時夫：平成9年度日本水産学会春季大会講演要旨集，p.35.
*2　和田時夫：平成10年度日本水産学会春季大会講演要旨集，p.26.

依存的な索餌域の拡大と，それにともなう個体成長の低下は，資源の多年齢化を通じて産卵資源量の蓄積を可能にし，この正のフィードバック機構の形成と増大した資源の維持に寄与していると考えられる．

文　献

1）石垣富夫・加賀吉栄・北野　裕・佐野蘊：昭和 30 年沿岸重要資源協同研究経過報告. 北水研, 1959, 186pp.
2）伊東祐方：日水研報, 9, 1-227 （1961）.
3）Z. Nakai : Japan. J. Ichthyol., 9, 1-115 （1962）.
4）K. Kondo : Rapp. P.-v. Reun. Cons. Int. Explor. Mer., 177, 332-354 （1980）.
5）近藤恵一：東海水研報, 124, 1-33 （1988）.
6）黒田一紀：中央水研報, 3, 25-278 （1991）.
7）三原行雄：未成魚・成魚，マイワシの資源変動と生態変化（渡邊良朗・和田時夫編），恒星社厚生閣, 1998, pp.9-18.
8）佐藤祐二：道東・三陸沖漁場，イワシ・アジ・サバまき網漁業（日本水産学会編），恒星社厚生閣, 1977, pp.107-121.
9）和田時夫：北水研報, 52, 1-138 （1988）.
10）T. Wada and Y. Matsumiya : Nippon Suisan Gakkaishi, 56, 725-728 （1990）.
11）T. Wada, T. Matsubara, Y. Matsumiya, and N. Koizumi : Can. Spec. Publ. Fish. Aquat. Sci., 121, 387-394 （1995）.
12）N. Koizumi, Y. Matsumiya, and T. Wada: Nippon Suisan Gakkaishi, 59, 753-763 （1993）.
13）T.Wada and M.Kashiwai : Changes in growth and feeding ground with fluctuation in stock abundance, in "Long-term variability of pelagic fish populations and their environment" （ed. by T. Kawasaki, S. Tanaka, Y. Toba, and A. Taniguchi）, Pergamon Press, 1991, pp.181-190.
14）渡部泰輔：卵数法，水産資源の解析と評価（石井丈夫編），恒星社厚生閣, 1983, pp.9-29.
15）渡部泰輔：水産海洋研究, 51, 28-33 （1987）.
16）黒田一紀：水産海洋研究, 52, 289-296 （1988）.
17）菊地　弘・森　慶一郎・中田　薫：日水誌, 58, 427-432 （1992）.
18）Y. Watanabe, H. Zenitani, and R. Kimura : Fish. Oceanogr., 6, 35-40 （1997）.
19）伊藤嘉昭：動物生態学, 古今書院, 東京, 1976, 480pp.
20）S. D. Fretwell and H. L. Lucas : Acta Biotheoretica, 19, 16-36 （1970）.
21）H. Matsuda, T. Wada, T. Takeuchi, and Y. Matsumiya : Res. Popul. Ecol., 34, 309-319 （1991）.
22）P. E. Smith, N. C. Lo, and J. L. Butler : CalCOFI Rep., 33, 41-49 （1992）.
23）J. L. Butler, P. E. Smith, and N. C. Lo : CalCOFI Rep., 34, 104-111 （1993）.

4. 対馬暖流域での回遊範囲と成長速度

檜 山 義 明 *

　日本海から九州西岸での日本の漁業によるマイワシ漁獲量は，1990 年に約 120 万トンの最高値を記録した後減少し，1996 年には約 13 万トンと 6 年間で 10 分の 1 近くに落ち込んだ．韓国とロシアも 1980 年代後半には合わせて 30 ～50 万トン程度を漁獲していたが，1995 年には韓国が 1.4 万トンで，ロシア は日本海でのマイワシ漁獲を行っていない．1978～1996 年のマイワシ漁獲デ ータによるコホート解析の結果は，対馬暖流域の資源量が 1980 年以降急激に 増加し，1989 年を最高にその後急減したことを示している．1988～1997 年 には比較的低水準の加入が続いており，親魚量に対する加入量の割合は1987年 以前に比べてかなり低くなっている．このようなマイワシ資源の変動に伴って， 対馬暖流域でのマイワシの回遊と成長がどのように変化したのかを既往の文献 と，1978～1997年に行われた魚群分布などの調査結果により概説する．

§1. 回遊範囲

　資源量が大きかった 1980 年代のマイワシの対馬暖流域での回遊範囲は，薩 南から沿海州，サハリン，オホーツクの各海域に及ぶと推定される．ロシア海 域に夏季来遊するマイワシの漁場変化から，1977～1978 年にはすでに沿海州 北部とサハリン西岸に濃密な魚群が分布していたことが分かる[1]．漁況の推移 や漁獲物の性状から，日本海からオホーツク海および津軽暖流域への回遊も相 当量あったと考えられる[2]．漁獲物の体長組成を解析することによって，1982 年の薩南での大きな産卵量を産出し得たのは，九州西岸から南下した群れであ ることが指摘されている[3]．また，春～秋に黄海・渤海の中国沿岸域にも来遊 していた[4],[5]．なお，過去の分布域の変遷については庄島[4] が，日本海のマイ ワシに関する既往知見については増田[6] が詳細に記述している．

　日本海沖合域で浮魚類，特にカラフトマス，サクラマスの分布を把握するた

＊ 日本海区水産研究所

36

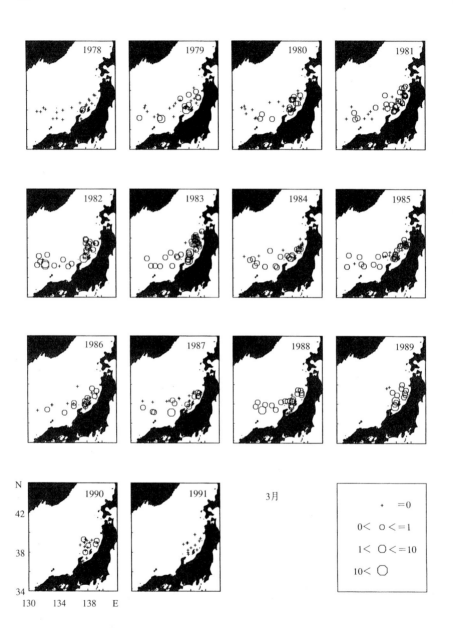

図4・1　流し網調査による流し網1反当たりのマイワシ採集尾数（3月）

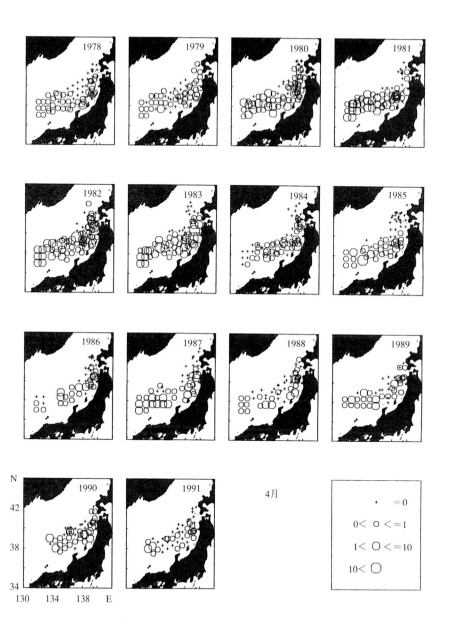

図4·1　流し網調査による流し網1反当たりのマイワシ採集尾数（4月）

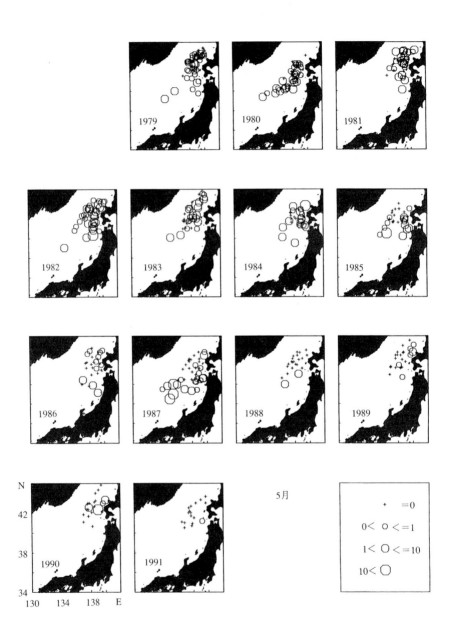

図4・1　流し網調査による流し網1反当たりのマイワシ採集尾数（5月）

めの流し網調査が行われた．そこでのマイワシ採集数は，沖合域におけるマイ
ワシ分布量の経年変動の一端を示すと考えられる [7]．ここでは，1978～1991
年の 3～5 月に行われた調査結果を紹介する．調査は，北海道，青森県，秋田
県，山形県，新潟県，富山県，石川県の水産研究機関，島根県立隠岐水産高等
学校および日本海区水産研究所の調査船・実習船によって行われた．各船は目
合い 55～157 mm のます流し網 40～200 反を夜間に設置した．図 4·1 に各年
各月の流し網 1 反当たりのマイワシ採集尾数（CPUE）を示す．月によって調
査点の配置が異なるが，北緯 37～42 度の海域には 3 月より 4 月の分布量が多
くなり，5 月には 4 月より分布を北に広げていることが分かる．3～5 月の平均
CPUE は 1979 年に 0.25 尾であったが，1982～1985 年には約 1 尾以上の高

い値を示した．1986 年以降はやや減少
し，1991 年には調査点数も少ないが
0.07 尾と低い値になった．流し網調査
の CPUE を調査点の表面水温に対して
プロットしたのが図 4·2 である．調査
点の表面水温は 1.9～13.7℃で，マイワ
シは約 10℃を中心に 4.6～13.7℃の調
査点で採集された．マイワシの生息水
温範囲はおおむね 7～29℃で通常の生
息水温は 10～20℃である [6] ので，資源

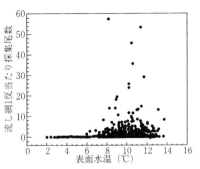

図 4·2　流し網調査による流し網 1 反当たり
のマイワシ採集尾数（CPUE）と
調査点の表面水温の関係

量の大きな年代にはマイワシの分布水温としてはかなり低水温域にも分布を広
げていたことが推察される．

　鳥取県境港へのまき網漁業によるマイワシ水揚げ量の月別割合の経年変動を
図 4·3 に示す（鳥取県水産試験場資料）．図の上から下へ 1 月から 12 月を表
す．漁獲量が多かった 1985～1992 年には，11～3 月のマイワシ南下期におけ
る漁獲割合が高かった．資源の減少期に入って 1996 年まで，11～12 月の南下
初期の漁獲量の減少が著しい．まき網漁場は隠岐諸島周辺海域を中心とし，図
4·1 の流し網調査海域よりは沿岸域に形成される．図 4·1 との対比から，3 月
には沖合域での分布は比較的少なく，4 月になって分布を沖合域に広げていた
ことが分かる．

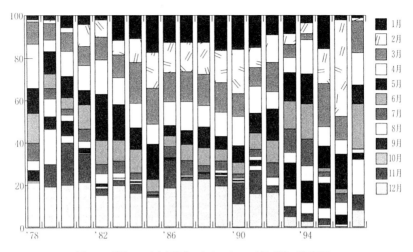

図4·3 境港へのまき網漁業によるマイワシ水揚げ量の月別割合

　この他，日本海沖合域でのマイワシ分布調査としては，1992～1994 年の 4 ～12 月にスルメイカ釣獲調査時に灯火に集まったマイワシ魚群を目視観測した例がある[8]．その結果，1992 年は，大和堆北西部～沿海州沖，さらにはオホーツク海まで分布がみられた．1993 年は，北緯 42 度以北の分布が少なくなり，1994 年は 1993 年よりもさらに分布の南偏傾向がみられた[8]．

　プランクトンネット（口径 45 cm）を使ったマイワシ卵の分布調査が各府県水産研究機関および日本海区水産研究所によって行われており，卵豊度[9～11] の推定結果から主な産卵場の経年変動（1979～1995 年の 3～5 月）が分かる[11]（図4·4）．日本海の卵豊度は，1980 年の 271 兆粒から 1987 年の 20 兆粒まで 13.4 倍の変動を示す．近年は 1992 年の 168 兆粒から，1995 年の 46 兆粒に減少を続けている．海域を九州北部（東経 129°30'～131°），日本海西部（131～135°）および日本海北部（135～140°）に分けてみると，1986 年までは九州北部と日本海西部の卵豊度が高く，1987～1988 年に各海域とも低い卵豊度になった後，1990 年以降は日本海北部での卵豊度が高い傾向にある．また 1984 年以降は 5 月の卵豊度が 3，4 月に比べて大きくなっている．日本海の対馬暖流域で観測された 50 m 深水温の 1～3 月の平均値（日本海区水産研究所資料）は，1984～1986 年に 9.95～10.95℃と 1979～1983 年の 10.80～

12.27℃および 1987〜1995 年の 11.48〜12.34℃よりやや低くなっており，1984 年以降 5 月の卵豊度が増加し 1989 年以降は再び 3 月の卵豊度がやや増加したことに対応するのかもしれない．過去に組織的な産卵調査が行われた 1955〜1959 年はマイワシの漁獲量が少なかった年代で，能登半島周辺海域を中心とした北部海域での産卵割合が高かった [12]．一方，漁獲量の多かった 1936〜1941 年には，調査点密度が低いが，卵分布が九州海域に高密度であったことが示唆されている [13]．

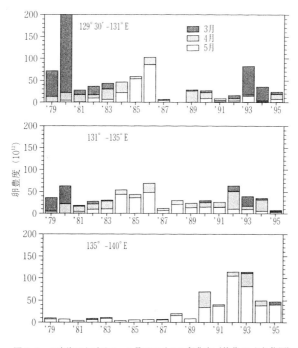

図 4・4　日本海における 3〜5 月のマイワシ卵豊度（後藤 [11] より作図）

§2. 成長速度

図 4・5 に，漁獲対象資源への 2 歳魚での加入が良好であった 1986〜1988 年に日本海で漁獲された各月のマイワシの被鱗体長（以下体長）組成を示す（青森〜島根各府県水産研究機関資料）．1 月には体長 15〜16 cm の 2 歳魚（暦年）および 18 cm の 3 歳魚が漁獲の中心になっていた．2 月以降 2 歳魚の

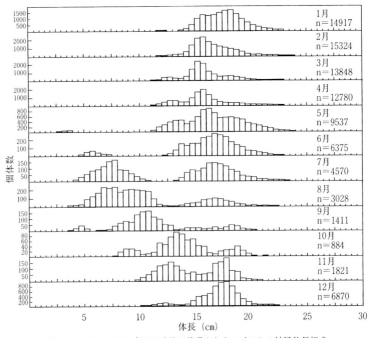

図4・5　1986〜1988年に日本海で漁獲されたマイワシの被鱗体長組成

漁獲割合が高くなり，5月以降0歳魚が漁獲され12月には10〜15 cm に成長していた．

　鱗による年齢査定を行い，12月から翌年の6月に漁獲された各年齢の平均体長を1978〜1993年について経年的に比べてみると，大きな変化がみられる（図4・6）[14]．3歳魚の平均体長は，1978〜1982年には20 cm 前後であったが1983年以降18 cm 程度に減少し，1991年以降増加して1993年には再び約20 cm となった．1980年級群（1983年の3歳魚）の平均体長は4〜5歳においても，それ以前の年級に比べてかなり小さ

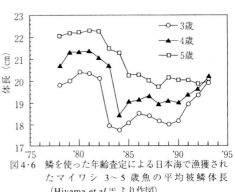

図4・6　鱗を使った年齢査定による日本海で漁獲されたマイワシ3〜5歳魚の平均被鱗体長（Hiyama *et al.*[14]）より作図）

い. ただし, 体長組成からの成長式推定によって, 1980 年級群の成長速度は
満 2 歳までは 1974～1979 年級群に比較して遅かったが, 3 歳魚では約 20 cm
に達していたとする報告もある [15]. 図 4·6 に示した平均体長の変化は成長速度
の変化によると考えられる. 3 歳魚の体長をコホート解析によって計算された
資源量に対してプロットすると, 図 4·7 のような負の相関関係が認められる
($r = -0.78$, $P < 0.01$). 図
4·7 の資源量はその年（図中
の数字で示した年級群が 3
歳であった年）の全年齢の魚
を含み, Hiyama *et al.* [14] の
計算方法を一部変更（最高年
齢 6 歳以上に対する漁獲係
数を 0.6／年で一定としたコ
ホート解析）して計算した.

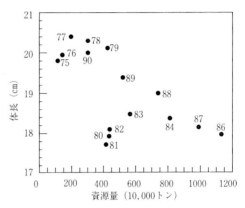

図 4·7　日本海で漁獲されたマイワシ 3 歳魚の平均被
鱗体長と資源量の関係. 図中の数字は年級群
を表す（Hiyama *et al.* [14] を一部改変して作図）

　1938～1944 年に九州～山
陰海域, 朝鮮半島東岸で漁獲
されたマイワシの 3 歳魚の
体長も, 1938～1940 年には約 18 cm であったが 1941～1944 年に増加し,
1944 年には 20 cm を越えた [13]. 1949～1958 年に日本海各地で漁獲されたマ
イワシ 3 歳魚の平均体長は約 20 cm かそれ以上であった [12]. 1973～1974 年に
も 20.5～21.8 cm であった [16]. このように漁獲量の多い年代には平均体長が小
さく, 漁獲量が少ない年代には平均体長が大きい傾向がみられ, 全体的には漁
獲量の多寡は資源量のそれを表しているとみなせるので, 平均体長の変化は資
源量の増減に対応して再現される現象であると考えられる. これまで, 平均体
長の変化と水温などの環境変動との明確な関係は認められていないようなので,
平均体長の変化は, 個体群密度の増減による個体当たりの餌生物供給量の変動
に原因すると考えられる [13, 14]. マイワシの体長と体重の関係にも変化がみられ,
例えば体長（BL, mm）と体重（BW, g）の関係式 $BW = a BL^b$ のパラメタ
は, 資源量が大きかった 1986 年には $a = 2.77 \times 10^{-6}$, $b = 3.26$ で, 資源量が
かなり減少した 1994 年には $a = 8.55 \times 10^{-6}$, $b = 3.06$（両年とも島根県 1～2

月の漁獲物；島根県水産試験場資料）と，同一体長の体重は 1994 年の方が若干重くなっている．このような変化も個体群密度の影響によって成長速度が変化するという仮説を支持する．

　マイワシの回遊範囲や成長速度は，資源の増減に伴って大きく変化する．一方，対馬暖流域に分布するマイワシの再生産成功率が，水温と親魚量からある程度説明できることが指摘されている [14]．水温などの環境や資源量の変動が回遊範囲と成長速度に与える影響を明らかにし，回遊範囲と成長速度の変化が再生産成功率とどのような関係にあるのかを検討することが重要である．

文　献

1 ） 渡辺和春：漁業資源研究会議第 19 回浮魚部会報告，5-25（1988）.
2 ） 蛭子悦郎：津軽暖流域のマイワシ，日本水産油脂協会，1994，28pp.
3 ） 山口閣常・原　一郎・長谷川誠三：漁業資源研究会議報，29，61-73（1995）.
4 ） 庄島洋一：漁業資源研究会議第 19 回浮魚部会報告，27-36（1988）.
5 ） 黒田一紀：水産海洋研究，55，169-171（1991）
6 ） 増田紳哉：マイワシ（*Sardinops melanostictus*）に関する既往知見の整理，日本海の水産資源に関する研究成果集（1994）.
7 ） 長谷川誠三：漁業資源研究会議第 15 回浮魚部会議事録，33-38（1983）.
8 ） 北海道～島根県水産研究機関・日本海区水産研究所：対馬暖流系マイワシ資源等緊急調査の結果概要，平成 4 年度～平成 6 年度

マイワシ資源等緊急調査の概要（1993，1994，1995）.
9 ） Z. Nakai and S. Hattori : Bull. Tokai Reg. Fish. Lab., 9, 23-60（1962）.
10） 渡部泰輔：卵数法，水産資源の解析と評価（石井丈夫編），恒星社厚生閣，1983, pp. 9-29.
11） 後藤常夫：日水研報，48，51- 60（1998）.
12） 伊東祐方：日水研報，9，1-227（1961）.
13） Z. Nakai : Bull. Tokai Reg. Fish. Res. Lab., 9, 1-22（1962）.
14） Y. Hiyama, H. Nishida, and T. Goto : Res. Popul. Ecol., 37, 177-183（1995）.
15） 安達二朗：日本海ブロック試験研究集録，4，43-55（1985）.
16） 渡辺和春：日本海ブロック漁況海況連絡会議研究発表報告集，1，79-91（1977）.

5. 成　熟

森　本　晴　之 *

　日本周辺のマイワシ *Sardinops melanostictus* は，1900 年前後と 1950 年前後の資源低水準期には能登，九州西岸，足摺および房総の 4 海域を中心とする 4 つの地域集団（小回遊型）が存在したが [1]，資源急増期の 1970～1980 年代にはそれら 4 つの地域集団の数量が同調的に増加し，統合が行われるとともに，索餌・産卵場が拡大した [2, 3]．特に，資源高水準期の 1980 年代には太平洋側では道東海域から薩南海域を回遊する大回遊型が出現し，成長の遅れ，肥満度の低下が観察された [2, 3]．これら生物学的特性が変化する過程で，生殖年周期，初回産卵年齢，卵巣重量，生殖腺指数（GSI）および 1 回当たりの産卵数（バッチ産卵数）など成熟に関わる特性の変化も観察された．1989 年以降，日本周辺のマイワシは，資源量が急激に低下するに伴って，大回遊型が縮小し，再び複数の地域集団に分離しつつある．ここでは，筆者が 1989 年以降に太平洋側のマイワシの主産卵場である四国・九州の太平洋側沿岸・沖合域において採集したマイワシから得られた成熟に関わる特性の変化を報告し，資源変動に伴う成熟産卵生態の変化についての既往の知見を紹介し，資源減少との関係を考える．

§1. 生殖年周期

　太平洋側のマイワシは 2～4 月を中心に産卵するが [3]，海域や資源水準によっては 9～10 月と早期に産卵を開始する．関東周辺海域では資源量が急激に増加した 1960～1977 年には，大羽イワシ（満 2 歳以上のマイワシ）は総じて 2～4 月に産卵したが [4]，資源量の急減が始まった 1989 年以降，2～4 月の産卵群に加えて，9 月に産卵する早期産卵群が顕著に出現し，資源減少期に現れる生物学的特性の変化であると指摘された [5]．一方，土佐湾では，資源水準に関係なく産卵期が 10 月から翌年の 4 月と長期におよび [6]，例年 11 月には卵 [7] や吸

---

* 南西海区水産研究所

水卵母細胞をもつ産卵直前の大羽イワシ[8, 9]が採集される．マイワシ個体の産卵期間は，天然魚の卵巣の組織学的観察から1ヶ月前後と推定されており[10]，資源高水準期に九州西岸と道東海域で採集されたマイワシによる飼育実験では，飼育群の主産卵期は共に2〜3月と一致し，産卵期間は約3ヶ月であった[11, 12]．したがって，土佐湾のマイワシの産卵期間が6ヶ月以上と長いことは，10〜11月と2〜3月を産卵期とする生活周期の異なる群で構成されていることを示唆する．また，四国・九州の太平洋側海域では，産卵期間（10〜翌年4月）の総産卵数に占める2〜3月の産卵数の割合が1980年代の資源高水準時には90％以上となったが，近年資源量の急減に伴って低下しており[7]，このことは2〜3月の産卵数が日本のマイワシ資源量と密接な関係があることを示す．

　マイワシが産卵に加わるには，生殖腺が成熟するほぼ半年前に脂肪量であらわされる栄養状態が最高になっていることが必須条件である[4]．常磐〜房総海域には，従来から小回遊型と大回遊型の2つの生活型が存在すると考えられており[4]，1980年代の資源高水準期には，2〜3月に産卵する大回遊型が産卵群の主体を担ったが，資源減少期に入り，大回遊型が減少する中で相対的に小回遊型が顕在化し，小回遊型の中で夏季になっても北上せず回遊範囲をさらに狭めた滞留群が現れた[5]．この滞留群は，回遊範囲を狭めることによって夏季の索餌期に蓄積した栄養を回遊行動のためのエネルギーに配分する必要がないため，大回遊型に比べて2〜3ヶ月早い時期に肥満度（＝（体重−卵巣重量）×10³／体長³）が最高となって栄養蓄積が完了し産卵準備に入り，10〜11月と早期の産卵が可能となった[5]．

　土佐湾の早期産卵群も，索餌期を比較的近い海域で過ごした小回遊型であると

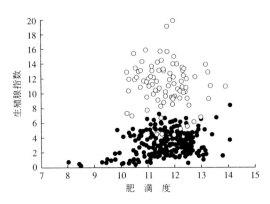

図5・1　1989〜1997年の11月に土佐湾で採集したマイワシ雌の生殖腺指数（GSI）と肥満度（CF）の関係
　　　　○：吸水卵母細胞を持つ個体（吸水個体）●：非吸水個体 GSI＝GW/BW×10², CF＝(BW−GW)/(BL)³×10³
　　　　GW；卵巣重量(g)，BW；体重(g)，BL；被鱗体長(cm)

考えられる.

1989〜1997 年の 11 月に土佐湾で中層刺網で採集した雌魚において，肥満度が 10 以下の個体では生殖腺指数（GSI＝卵巣重量×100／体重）が 2 以下と低く，吸水卵母細胞をもつ産卵直前の個体（吸水個体）がなかったが，肥満度が 10 以上の個体では吸水個体がみられ，栄養状態のよい個体のみ早期産卵を行うことが示唆された（図 5・1）．

§2. 初回産卵年齢と産卵群の年齢組成

資源量が低水準であった 1950 年代では，足摺岬・房総半島周辺では満 1 歳でほとんどが産卵し，産卵群の大部分を占めた[1]．一方，九州西岸では満 1 歳でわずかしか産卵せず，産卵群の大部分が 2〜3 歳であり，日本海北部では満 1 歳 での産卵は稀で，産卵群の大部分は 2〜4 歳であった[1]．このように，初回産卵年齢は，資源低水準期では満 1 歳で産卵する個体がみられるものの[1, 13]，地理的変異を示し，太平洋より日本海側が，南より北のマイワシの方が高い[1]．房総海域では，資源量が低水準から高水準に移行した 1970 年〜1977 年にも 1 歳で産卵する個体がいたが[4]，資源量が飛躍的増大した 1980 年代では，満 2 歳でも成熟せず，満 3 歳以上になって初めて成熟した[14]．ところが，資源減少期に入り，1994 年 3〜4 月に伊豆諸島海域において吸水卵母細胞を持つ満 1 歳魚が採集され，再び満 1 歳魚が産卵したことが確認された[15]．四国・九州の太平洋側では，体長 15〜16 cm の満 1，2 歳魚の GSI の平均値が，1980 年までは 4 以上と高かったが，1981 年以降 2 未満と低下し，資源量の急減が始まった 1989 年以降再び 3〜4 以上に増加するなど，資源変動と逆相関を示した[16]．そして，土佐湾では 1994 年 3 月以降，吸水卵母細胞を持つ満 1 歳が採集され始め，1995 年 11 月には満 1 歳の雌の 40％以上が吸水した卵母細胞をもち，産卵に加わった*．このようにマイワシの初回産卵年齢は明らかに資源量水準によって変動し，資源量が急減している現在，満 1 歳魚は産卵親魚としての役割を果たしている．

満 1 歳で成熟し産卵できるかどうかは，前節で述べた大羽イワシの秋季産卵のメカニズムと同様に肥満度が最高となる時期が重要であるが，この場合，発

---

* 平成 8 年度日本水産学会秋季大会講演要旨集，p.30

生の時期が重要なポイントとなる[4]. 房総海域の 11〜12 月の早期発生群は，翌年の春から夏にかけて成長するとともに摂餌活動がきわめて活発で，夏秋季には肥満度が 13〜14 と栄養状態が最高になり，体長も 14〜15 cm となる．これらの群れは秋から冬にかけて成熟し，産卵する[4]．一方，3〜4 月の後期発生群は，生まれた年の夏から秋は成長が中心となり，肥満度が 8〜10 と早期発生群に比べ栄養状態がかなり劣り，満 1 年経過した翌年 3〜5 月には体長が 15 cm になっているものの，生殖腺は未熟のままで産卵せず，その後索餌期に入る[4].

　土佐湾では資源水準に関係なく早期産卵群が存在することは前節で述べたが，資源高水準期の 1980 年代では満 1 歳魚の GSI が 2 未満と低く[16]，産卵に加わっていなかった．このことは，早期に生まれることだけが満 1 歳で産卵できる条件ではなく，栄養状態に反映する密度効果も重要な要因と考えられる．

　資源量が急減した 1990〜1995 年の 2，3 月の土佐湾の産卵群の年齢組成は，1992 年まではヒストグラムの形状が単峰型で，モードが 3 歳からより高齢へと年々移行し，1 歳魚の加入はなかった．一方，1993 年以降，1 歳の加入がみられるようになり，1994 年以降ヒストグラムは 2 峰型となり，5 歳以上の高齢魚の割合が急激に低下した*（図 5·2）．これらは，1988〜1991 年級群の加入の極端な不調と 1992 年以降に加入が好調となり，世代交代が起こったことを示す．

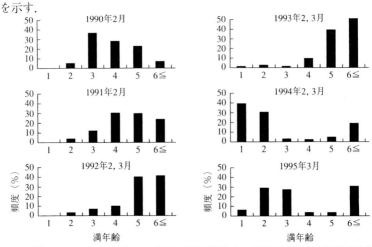

図5·2　1990〜1995 年 2，3 月に土佐湾で採集したマイワシ雌の年齢組成の経年変化

* 平成 8 年度日本水産学会秋季大会講演要旨集, p30

§3. 親魚の再生産能力の地理的・経年的変動

3・1 卵巣重量とバッチ産卵数

マイワシの産卵期の卵巣重量が地理的に変異することが，1950 年前後の資源低水準期のマイワシで報告されており [1, 17, 18]，成熟個体の平均卵巣重量は日本海のものが太平洋側に比べて大きく，両海域とも北ほど大きいことや成長量や肥満度も同様に北高南低を示すこととの関連が指摘されている．マイワシの生殖腺の発達には夏季を中心とした索餌期の栄養蓄積が重要な要因であることから [19]，索餌期における餌料プランクトンの現存量が日本海では極前線以北に [20]，太平洋側では混合水域以北に多く [21]，北ほど餌料環境がよいことを反映した結果と考えられる．

資源量が急減した 1990～1991 年の 2～3 月に土佐湾沿岸と四国・九州沖合域（黒潮流域）に分布した群は，ともに吸水卵母細胞をもつ産卵直前の雌が含まれていたことから産卵群であったといえるが，吸水していない個体の GSI および肥満度の平均値は，沖合群が土佐湾沿岸域の群に比べて有意（$P<0.001$，t-検定）に高かった（表 5・1）．また，バッチ産卵数は土佐湾沿岸域の個体は総じて 30,000 粒以下であったが，沖合域の個体はほとんどが 30,000 粒以上であった [22]．1992 年 2 月 2 日と 10 日のほぼ同時期に，それぞれ土佐湾沿岸域と紀伊水道沖合の黒潮フロント域で採集した個体の 1 回当たりの産卵数は，それぞれ 19,400±7,900 粒（n=14），40,000±6,800 粒（n=15）と有意（$P<0.001$，t-検定）に沖合群が多かった [22]．1981 年以降，2～3 月に四国・九州

表5・1 1990 年および 1991 年 2 月に土佐湾沿岸域と四国・九州沖合域で採集したマイワシ雌成魚の生殖腺指数，肥満度，および体長

採集日	採集場所	生殖腺指数		肥満度	体長（cm）	標本数
		平均値	最大値			
1990						
2.6	土佐湾沿岸域	2.78±1.81	8.44	9.7±0.7	19.5±1.1	92
2.15	豊後水道外域	9.84±1.99*	15.02	10.3±0.7*	18.9±0.7	128
2.20	薩南海域	6.94±3.17*	15.51	10.4±0.8*	18.9±0.9	174
1991						
2.18	土佐湾沿岸域	6.21±2.01	9.16	10.4±0.6	19.7±0.9	35
2.11	足摺岬沖	8.81±2.31*	14.68	11.1±1.0*	20.0±1.0	50

* 土佐湾沿岸域の個体に対する有意差検定，$P<0.001$（t-検定）

の沖合域で産卵するマイワシは，夏季に道東・三陸沖へ索餌回遊する大回遊群であることが，両海域の資源の量的関係から推察されている[3]．1992 年 6〜7 月に青森沖と土佐湾で採集された索餌期の雌では，肥満度と肝臓体重比は前者が有意（$P<0.001$，t-検定）に高く，腹腔内脂肪量，肝臓と背部普通筋肉中の脂質含有率は前者が 2〜6 倍多かった[*]．このような夏季の栄養蓄積量の大きな違いはバッチ産卵数に影響する可能性が高く，道東・三陸沖で索餌期を過ごした雌（大回遊型）は，土佐湾で索餌した雌（小回遊型）に比べてバッチ産卵数が多いと推察でき，土佐湾沿岸と四国・九州沖合域で観察されたバッチ産卵数の地理的変異は，回遊型による産卵数の違いを示すと考えられる．

1992〜1996 年の 2，3 月に土佐湾沿岸域で採集した雌のうち，卵母細胞が吸水していない雌の平均肥満度および平均 GSI は，ともに 1995 年に低下がみられたが，1992 年から 1996 年にかけて各年齢魚とも増加傾向にあり，栄養状態の回復に伴うバッチ産卵数の増大が示唆された[*2]（図 5・3，図 5・4）．これらの現象は，前節で述べた初回産卵年齢が 1 歳へ低下したことも含めて，土佐湾で産卵する雌の再生産能力が資源減少に伴って向上していることを示す．

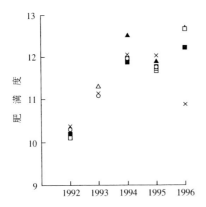

図 5・3　1992〜1996 年 2，3 月に土佐湾で採集したマイワシ雌の年齢別平均肥満度の経年変化
　▲：満 1 歳，□：2 歳，■：3 歳，△：4 歳，×：5 歳，○：6 歳

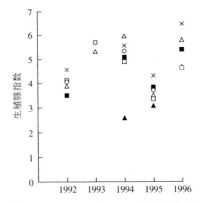

図 5・4　1992〜1996 年 2，3 月に土佐湾で採集したマイワシ雌の年齢別平均 GSIの経年変化
　▲：満 1 歳，□：2 歳，■：3 歳，△：4 歳，×：5 歳，○：6 歳

[*1]　森本晴之，未発表
[*2]　平成 9 年度日本水産学会秋季大会講演要旨，p.12

3・2　卵サイズ

　土佐湾および紀伊水道外域のマイワシ雌のうち，卵母細胞の吸水が完了し卵黄体積の増大が停止した産卵直前の個体を用いて，資源減少期の 1990～1993 年の卵黄体積の経年変化を調べた．その結果，平均値は土佐湾沿岸域の雌では，1990 年が 0.48 mm³，1992 年が 0.57 mm³，1993 年が 0.69 mm³ と，土佐湾沖合および紀伊水道外域など比較的沖合の雌では，1991 年が 0.46 mm³，1992 年が 0.64 mm³ とともに増大した [22]．

　卵が大きくなることは，ふ化仔魚の大きさ，索餌能力，飢餓に耐える力，利用できる餌のサイズの範囲の広さおよび捕食者からの逃避能力などにおいて仔魚の生き残りポテンシャルを高める上で重要な意義をもつと考えられる．漁獲対象資源への加入量が極めて低かった 1988～1991 年級のうち，調べた 1990 年級と 1991 年級の卵黄体積は 0.50 mm³ 未満と小さく，一方，生き残りがよかったと考えられている 1992 年級の卵黄体積がそれ以前の年級に比べて大きかった．このことは偶然の一致とも考えられるが，近年の資源量変動との何らかの関係があるとも考えられる．1992 年級が常磐海域・鹿島灘で多く漁獲されたこと [23] については，卵黄体積が大きかったためにふ化仔魚の生き残りがよかっただけでなく，南日本太平洋側の産卵場もまだ黒潮流域にあり [7]，卵が東方へ拡散できたことなど卵・ふ化仔魚の輸送過程も生き残りに大きな影響を与えたと考えられる．そして近年，前節で述べたように産卵親魚の栄養状態がよくなり，バッチ産卵数の増大がみられ，かつ産出卵のサイズが大きくなっているにもかかわらず資源量が減少の一途をたどっている原因については，依然推論の域を出ないが，南日本太平洋側のマイワシの主産卵場が黒潮流域からごく沿岸域に収束したため [7]，仔稚魚や未成魚が餌料環境のよい道東・三陸沖など混合水域以北へ拡散しないことや捕食される度合いが高くなったことも重要な要因であると考えられる．

§4.　今後の課題

　南日本太平洋側のマイワシには，10～11 月と 2～3 月を中心に産卵する生活周期が異なる 2 つの型が，資源量水準に関わりなく存在する．さらに，2～3 月の産卵群においてもバッチ産卵数が明らかに異なる 2 つの型が観察され，そ

れらを資源量と分布域の関係から，資源増大とともに増加し資源減少とともに消滅した沖合（黒潮流域）のグループと資源変動に関わりなく少量ながらも安定して存在する土佐湾沿岸域の群を代表とする沿岸のグループとに分類できる．

太平洋側のマイワシには遺伝的差異が無いにも関わらず[24]，生活型の違った二つの型，すなわち1年中産卵場に比較的近い海域に分布する小回遊型と道東・三陸沖で夏季の索餌期を過ごし，四国・九州沖合の黒潮流域で産卵する大回遊型が存在するかどうか，そして，資源の急激な増加と減少が後者の増減によるという推論は，日本産マイワシにおける最も基本的で重要な生物学的問題点である．最近，耳石にみられるようなストロンチウム（Sr）の個体発生的な炭酸塩への取込みが，過去の環境水温の指標として役立つ可能性が示唆され，大きな関心が持たれている[25]．炭酸塩の沈着の律節性の機構とその化学的パターンが解明されることによって，耳石は物質代謝の指標として，また生物学的，生態学的な道具として大いに役立つ[26]．今後，太平洋側のマイワシに小回遊型，大回遊型が存在するかどうかやそれぞれの型に特異的な産卵特性が認められるか，さらに日本産マイワシの成熟産卵生態を明らかにするには，microchemistry の手法を用いた耳石解析が必要である．

文　献

1）石垣富夫・加賀吉栄・北野　裕・佐野蘊：沿岸重要資源共同研究経過報告，北水研，1959，187 pp.

2）和田時夫：北水研報，**52**，1-138（1988）.

3）黒田一紀：中央水研報，**3**，25-278（1991）

4）平本紀久雄：千葉水試研報，**39**，1-127（1981）.

5）工藤孝浩：神奈川水試研報，**12**，73-82（1991）.

6）小西芳信：水産海洋研究，**36**，47-50（1980）.

7）石田　実・武田保幸・井元栄治・平田益良雄・田中七穂・森由基彦・黒木敏行・野島通忠・三谷卓美・上原伸二：1978 年から1995 年までの南日本太平洋沿岸の浮魚類卵仔稚の分布，南西水研，1997，206 pp.

8）森本晴之：日水誌，**59**，7-14（1993）.

9）H. Morimoto : Effects of maternal nutritional conditions on number, size and lipid content of hydrated eggs in the Japanese sardine from Tosa Bay, southwestern Japan, in "Survival Strategies in Early Life Stages of Marine Resources"（ ed. by Y. Watanabe, Y. Yamashita, and Y. Oozeki）, A. A. Balkema, 1996, pp.3-12.

10）石田力一・鵜川正雄・有田節子：北水研報，**20**，139-144（1959）.

11）M. Matsuyama, S. Adachi, Y. Nagahama, C. Kitajima and S. Matsuura : *Mar. Biol.*, **108**, 21-29（1991）.

12）松原孝博：マイワシ，海産魚の産卵・成熟リズム（廣瀬慶二編），恒星社厚生閣，1991, pp.113-124.

13）宇佐美修造：東海水研報，70，25-29（1972）.

14）平本紀久雄：海洋と生物，7，170-182（1985）.

15）青木一郎：産卵，マイワシの資源変動と生態変化（渡邊良朗・和田時夫編），恒星社厚生閣，1998，pp. 54-64.

16）津野健太郎・栁川晋一・森本晴之：南西外海の資源・海洋研究，11，17-22（1995）.

17）中井甚二郎・宇佐美修造：東海水研報，9，151-171（1955）.

18）伊東祐方：日水研報，91-227（1961）.

19）鼈田義成：水産海洋研究，51，51-54（1987）.

20）広田祐一・長谷川誠三：日本海における1990年までの動物プランクトン現存量，日水研，1997，105 pp.

21）小達和子：東北水研報，56，115-173（1994）.

22）H. Morimoto：*Fisheries Sci.*, 64, 220-227（1998）.

23）堀 義彦：茨城水試研報，33，21-41（1995）.

24）T. Okazaki, T. Kobayashi and Y. Uozumi : *Mar. Biol.*, 126, 585-590（1996）.

25）J. M. Kalish：*J. Exp. Mar. Biol. Ecol.*, 132, 151-178（1989）.

26）R. L. Radtke：*Comp. Biochem. Physiol.*, 92A, 189-193（1989）.

6. 産 卵

青 木 一 郎 *

　一般に生活史形質は生物個体を取り巻く環境条件によって表現型変化を示し，この表現型の融通性は生物にとって重要な環境変化に対する適応であるとされている[1]．マイワシにみられる資源水準に対応した生活様式の変化はその典型的な例といえよう．成熟・産卵に関しては，資源水準の高かった1980年代には薩南が主産卵場となり，成熟年齢も2歳から3歳に遅れるようになった[2]．本稿では，筆者らが1990〜1995年，薩南海域と伊豆諸島海域の産卵場において，産卵親魚の分布と成熟・産卵過程を時空間的に追跡して得た結果に基づき，産卵場所の変化と成熟サイズの変化について述べる．

§1. 薩南海域

1・1　薩南産卵場

　薩南海域のマイワシの産卵場は1976年に形成され始め，その後，卵や成魚の出現域は沿岸域から薩南海域南部の沖合に年々拡大した[3]．1980年には，以前のマイワシ豊漁期である1930年代と同様に，伊豆諸島〜房総沖海域を中心とする産卵場に代わって太平洋岸域の主産卵場となった[4]．そして，1988年級に始まったマイワシ新規加入量激減の4年後の1992年には薩南の産卵場は消滅した[5]．筆者らの1990〜1992年の音響調査でも来遊魚群量は1992年には1990年の6%に激減した[6]．

1・2　魚群の分布

　音響調査によると，10〜30 m 層を中心として，10〜50 m 深の範囲で連続的に魚群像が多く現れ，採集と TV 観察によってこの像の主体がマイワシであることを確認した．10〜50 m 層の5マイル毎平均体積散乱強度（SV）からマイワシ魚群密度を計算し分布図を描いた．

　1991年の調査では，1〜3月の間，マイワシ魚群の分布は明瞭な変化を示し

・ 東京大学大学院農学生命科学研究科

た（図 6·1）．1 月下旬では，マイワシは水温 19℃以下の薩南沿岸に沿って分
布した．2 月中旬においても同様に沿岸域に多く分布したが，魚群量は 1 月に
比べ増大した．2 月末から 3 月初めにかけてマイワシ魚群の高密度域は沿岸域
から沖合の黒潮フロントと水温 20℃以上の黒潮域に移動した．そして，3 月
10 日前後には，黒潮域にも少し魚群は出現したが，多くのマイワシは 19℃以
下の沿岸域に再び集中した．この後，3 月 15 日まで魚群探査をしたが黒潮域
にはもう魚群は現れなかった．

1990 年 3 月 3〜9 日の調査においても図 6·1-d と類似して，マイワシは黒
潮フロントの沿岸側に連続的に多く分布した．そして，フロントよりも沖合側

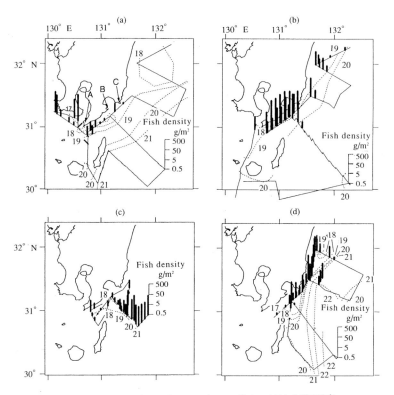

図 6·1　薩南海域における 1991 年 1〜3 月のマイワシ魚群の分布
魚群密度（g/m²）は 10〜50m 層，5 マイル毎の平均体積散乱強度（SV）より計算した．
細い実線は航跡，破線は表面水温を示す．a：1 月 20〜23 日　b：2 月 14〜17 日と 20 日
c：2 月 26 日〜3 月 1 日　d：3 月 9〜12 日　A：佐多岬　B：火崎　C：都井岬．

では魚群の分布はいったん途切れる傾向にあるが，黒潮域にも量的には少ないがマイワシ魚群が分布した[7]．

以上のように，薩南海域のマイワシ産卵群は，黒潮フロントを境界として，沿岸域に分布する魚群と黒潮域に分布する魚群からなる分布構造をもっていた．

1・3　成熟・産卵

先の音響調査に基づき，出現の時期と海域別にマイワシの成熟・産卵状態を卵巣の組織観察と雌雄の血中ステロイドホルモン量から調べた．採集は主に刺網により，一部は釣りによった．水和卵と新しい排卵後濾胞はそれぞれその個体が産卵の直前と直後にあることを示すが，成熟・産卵の日周リズムに関連して，それを有する個体の出現率は採集時刻によって変化する．そこで，最終成熟段階である胚胞移動期，水和卵，排卵後濾胞のいずれかを持つ雌の合計の割合を産卵強度（total spawning activity，TSA）の指標とし，時期別海域別に

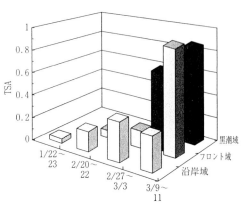

図6・2　薩南海域における 1991 年 1〜3 月のマイワシ雌魚の時期別・海域別産卵強度（TSA, total spawning activity）

比較した（図6・2）．血中ステロイドホルモンとして，雌のエストラジオール - 17 β（E_2），雄のテストステロン（T）および雌雄の 17 α，20 β - ジヒドロキシ - 4 - プレグネン - 3 - オン（17 α，20 β - diOHprog）の血中濃度を測定比較した（図6・3）．

1 月下旬では，沿岸域に分布する雌のほとんどはまだ成熟途上であった．2 月中旬には沿岸域とフロント域で TSA は少し上昇した．一方，E_2 と T の濃度は，沿岸域よりもフロント域の方で両者ともに高い傾向にあった．2 月末から 3 月初めには沿岸域の TSA はさらに少し上昇したが，この時期に出現した黒潮域の雌の TSA はそれよりも高かった．さらに，黒潮域では E_2，T，17 α，20 β - diOHprog いずれも高濃度を示す個体が多かった．そして，3 月 10 日前後

では，沿岸域よりもフロント域と黒潮域で高い TSA を示した．このようにマイワシ親魚は沿岸域に常に分布したが，産卵強度は沿岸域よりも黒潮域の魚群の方が高かった．1990 年 3 月の調査においても同様のことが観察されている[7]．

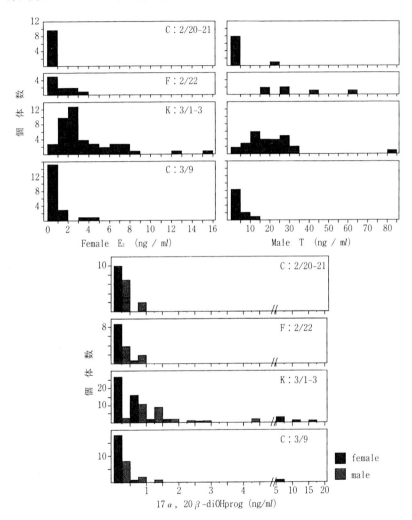

図 6・3　薩南海域におけるマイワシのエストラジオール - 17β（E₂）とテストステロン（T）の血中濃度（上図）および 17α, 20β - ジヒドロキシ - 4 - プレグネン - 3 - オン（17α, 20β - diOHprog）の血中濃度（下図）の頻度分布（1991 年 2 月中旬～3 月上旬）　C：沿岸域　F：フロント域　K：黒潮域．

　以上の分布と成熟・産卵の経過から，マイワシは産卵の前に沿岸域に集合するが，引き続きそこで産卵するものよりは多くの個体が黒潮フロントあるいはそれを越えて主流域で産卵し，産卵後再び沿岸を北上回遊すると考えられた．資源水準の低かった 1950 年頃ではマイワシの産卵は大陸棚上の沿岸で行われ，産卵水温は 18℃以下がほとんどで，20℃を越えることはなかった[8]．このことは産卵の生理と行動に変化が起こったことを示している．松原[9]の飼育実験によると，18℃では発達の進んだ卵群の退行が起こったという．一方，白石ら*の飼育では 20℃では正常で，25℃で成熟が抑制された．このことは何らかの要因で産卵水温は変化することを示している．元来，マイワシの生息域は黒潮内側域であり，生息水温は 10〜17℃である[10]．20℃を越える黒潮域で産卵することは特別な意味をもつように思われる．Economou[11] は，卵・仔魚の分散は不適な環境下への輸送とのトレードオフの下で種内の競争を減らす意義があると述べている．マイワシは個体群の大きさが増すにつれ種内の競争も強くなるので，それを回避するために卵・仔魚の分散の効果がより大きい海域で産卵するようになったと考えることができる．冬季の黒潮フロントや黒潮域は混合による栄養塩供給と高水温で生物生産によい環境であるともいわれている[12]．高水温下の産卵はふ化時間の短縮と成長促進によって長距離輸送のコストを減らす効果をもつだろう．

1・4　バッチ産卵数

　マイワシのように多回産卵する魚種では，年間産卵数が産卵期前に確定していないので，産卵数の測定値としては 1 回に産出される卵数（バッチ産卵数）が有用な尺度である[13]．バッチ産卵数は排卵直前の水和卵を計数することによって得られる．水和卵は大きさから未熟の卵母細胞と容易に区別できる．1991 年に薩南海域で得た水和卵をもつ雌 18 個体のバッチ産卵数は，平均 33,900 粒（SD＝7,800）であった．卵巣除去重量 1 g 当たりの相対バッチ産卵数は，平均 422 粒/g（SD＝85）であった．この値は 1940 年代，50 年代の標本による約 37,000 粒という中井[14]と宇佐美[15]の報告と有意な差はなかった．バッチ産卵数は資源水準によって変化しないともいわれている[16]．

---

* 白石ら：平成 3 年度日本水産学会春季大会講演要旨集

§2. 伊豆諸島海域

2・1 魚群の分布

1994 年 3〜5 月の音響調査によると，5 月には魚群が少なくなったがいずれの時期も魚群の分布域は一貫しており，大室出しと銭州を結ぶ線よりも沿岸側

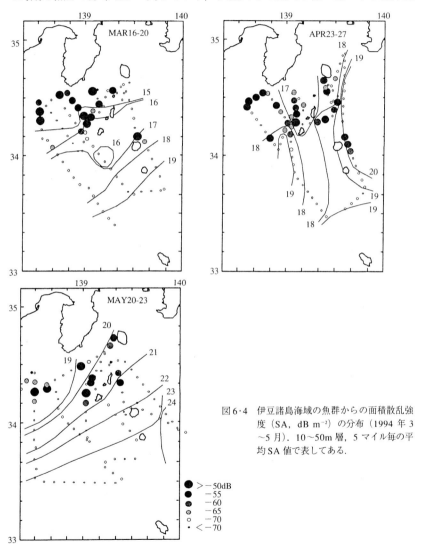

図6・4 伊豆諸島海域の魚群からの面積散乱強度（SA, dB m⁻²）の分布（1994 年 3〜5 月）．10〜50m 層，5 マイル毎の平均SA 値で表してある.

に分布し三宅島付近を除き沖合には出現しなかった（図 6・4）．採集結果から，この表層の魚群はカタクチイワシを含んでいるが，魚群の多くはマイワシであると判断された．

　黒潮流路は変化したが，すべての魚群は黒潮流軸よりも沿岸側に限られた．分布水温（表面）は時期とともに上昇し，3 月では 14～16℃，4 月で 16～18℃，5 月で 18～21℃であった．

　翌年の 1995 年 4 月中旬の調査時には黒潮がきわめて接近し，19℃以上の暖水が石廊崎から大島周辺まで波及しており，魚群の分布は石廊崎～大島周辺に限られた．マイワシ魚群は黒潮の高水温を避けるようである．

2・2　中羽マイワシの産卵

　資源水準の低かった 1950 年代，60 年代では，1 歳魚あるいは中羽マイワシ（被鱗体長 18 cm 未満）が産卵したことがすでに報告されている[17, 18]．上記の音響調査期間中に新島西のひょうたん瀬で採集した中羽マイワシの成熟状態を調べた．卵巣の組織観察によると，3 月の試料では中羽マイワシ雌 14 個体のうち 4 個体が産卵直前の水和卵をもっていた（図 6・5上）．体長は 16.4～16.6 cm であった．また 4 個体に排卵後濾胞がみられ，2 個体は胚胞移動期にあった．4 月の試料では雌の中羽

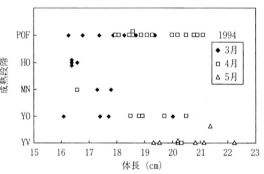

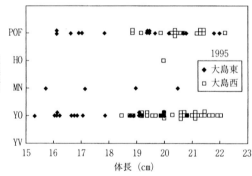

図6・5　伊豆諸島海域で採集したマイワシの体長別卵巣成熟段階 1994 年（上図）は新島西のひょうたん瀬で，1995 年（下図）は大島の東側と西側沿岸で採集した．POF：排卵後濾胞　HO：水和卵　MN：胚胞移動期　YO：卵黄球期　YV：卵黄胞期．

マイワシは 1 個体しかなかったが，それは胚胞移動期にあった．中羽マイワシに明らかに産卵が認められた．5 月には大羽マイワシしか採集されなかったが，すべて卵黄胞期の段階にあり産卵は終了していた．

同様に，1995 年 4 月中旬に大島周辺で採集した中羽マイワシ 18 個体のうち8 個体に排卵後濾胞がみられ，2 個体は胚胞移動期にあった（図 6・5 下）．

前節で定義した TSA に従って中羽マイワシの産卵強度を，同時に採集された

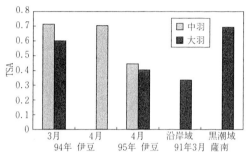

図 6・6　大羽マイワシと中羽マイワシ雌魚の産卵強度
（TSA, total spawning activity）の比較

大羽マイワシ（体長 18 cm 以上）と比較した（図 6・6）．1994 年 3 月の中羽マイワシの TSA は 0.71 であり，同月および 4 月の大羽マイワシの TSA と差がなかった．この値は 1991 年 3 月の薩南の黒潮域における雌の TSA に匹敵するほど高い．1995 年 4 月の雌に関しては，中羽，大羽マイワシとも 1994 年に比べて TSA は少し低くなったが，大羽マイワシの 0.39 に対し中羽マイワシは 0.44 であり差はなかった．

水和卵をもつ雌を除いた平均 GSI（＝生殖腺重量/体重×100）も，1995 年4 月の雄を除いて，各採集時期において雌雄とも中羽，大羽マイワシの間で差はなかった（図 6・7）．また，1995 年 4 月の雄の場合でも，中羽マイワシの平均 GSI は 1994 年 4 月と比べると低い値ではない．

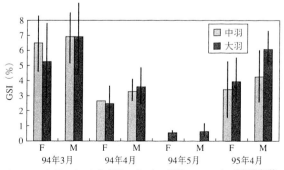

図 6・7　大羽マイワシと中羽マイワシの平均 GSI．バーは標準偏差．
F：雌　M：雄　1994 年 4 月の中羽雌は 1 個体のみ．

　水和卵をもった中羽マイワシ雌 4 個体のバッチ産卵数は，8,400〜22,400 粒
で，体長との関係は，薩南の大羽マイワシで得た体長－産卵数の回帰直線の延
長線上にあった（図6・8）.

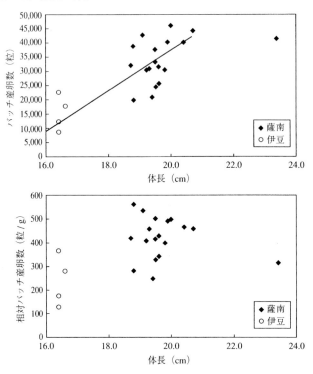

図6・8　体長に対するバッチ産卵数（上）と相対バッチ産卵数（下）
　　　　の散布図．上図中の直線は薩南海域で採集したマイワシ（体
　　　　長約 23.5 cm の 1 個体を除く）に対する回帰線を示す.

　以上のように，伊豆海域における中羽マイワシは大羽マイワシと比較して同
等の活発さをもって産卵していると推察される．中羽マイワシは，鱗による年
齢査定や成長から考えて 1 歳魚と判断される．マイワシは資源の低水準期に入
って再び成熟年齢を早め満 1 歳の春季に体長 16 cm 前後で産卵に加わるように
なった．以下の 2 点は今後さらに検討する必要があろう.

　中羽マイワシの成熟に関しては肥満度との関係が示唆されている [19]．本調査
において，中羽マイワシの平均肥満度（＝（体重－生殖腺重量）／体長[3]×

1000）は，1994 年 3 月では雌雄ともに大羽マイワシよりも高かった（図 6·9）．産卵期前の 1 月（1991 年）に薩南で採集された体長 16 cm 台の中羽マイワシと比べても高かった．中羽マイワシの産卵に肥満度が関係しているようにみえる．しかし，1995 年 4 月に産卵がみられた中羽マイワシでは大羽マイワシと差はなく，必ずしも高い肥満度をもっていなかった．資源の低水準期では，中羽マイワシは体長と肥満度が"普通"にあれば産卵するのかもしれない．

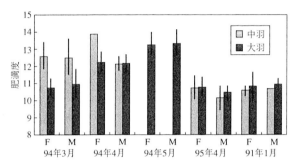

図 6·9　大羽マイワシと中羽マイワシの平均肥満度．1991 年 1 月は薩南海域，他は伊豆海域．バーは標準偏差．F：雌　M：雄 1994 年 4 月の中羽雌は 1 個体のみ，1991 年 1 月の中羽雄は 2 個体のみ．

1994 年 3 月と 1995 年 2 月に房総沖で漁獲された中羽マイワシ雌 30 個体について卵巣組織観察を行った結果，すべて卵黄球期の成熟途上の段階にあった．すでに述べたように，1994 年 3 月の同時期に伊豆海域では中羽マイワシは産卵していた．中羽マイワシ全体から見れば，その一部が成熟し産卵のために伊豆諸島海域まで南下することも考えられる．さらに広域にわたる調査が必要である．

§3. 今後の課題

　マイワシの生活史形質の変化は，沿岸性魚から沖合大回遊魚への変身として，トビバッタ類やヨトウガ類の相変異にたとえられることもある [20]．一方，相変異性昆虫であっても，個体群の中には相変異を起こさない個体が含まれたり，個体の相変異の程度はさまざまであるといわれている [21]．これは密度に対する反応の臨界値が遺伝的変異性をもつためと推測されている．マイワシには小回遊

型と大回遊型の 2 つのタイプが存在するともいわれている [22]．マイワシでも環境条件によって生活様式が変化しやすい個体と変化しにくい個体があるのかもしれない．どのような機構でマイワシは個体群密度によって生活様式を変えるのかという疑問はまだ残されたままである．その解明は今後に期待したい．

文　献

1 ）木村資生：生物進化を考える，岩波書店，1988，290pp.

2 ）平本紀久雄：海洋と生物，7，170-182（1985）．

3 ）小西芳信：南西水研報，15，103-121（1983）．

4 ）黒田一紀：水産海洋研究，52，289-296（1988）

5 ）中央水産研究所：平成 4 年度中央ブロック卵・稚仔、プランクトン調査研究担当者協議会研究報告，No.12，94（1992）．

6 ）I.Aoki and T.Inagaki : *Nippon Suisan Gakkaishi*, 59, 1727-1735（1993）．

7 ）青木一郎・村山　司：水産海洋研究，55，93-104（1991）．

8 ）中井甚二郎・宇佐美修造・服部茂昌・本城康至・林　繁一：昭和 24～26 年鰮資源協同研究経過報告，東海水研，1-84（1955）．

9 ）松原孝博：マイワシ，海産魚の産卵・成熟リズム（広瀬慶二編），恒星社厚生閣，1991，pp.113-124.

10）近藤恵一：東海水研報，124，1-33（1988）

11）A.N.Economou: Environ.Biol.Fish., 31, 313-321（1991）．

12）黒田一紀・木立　孝・友定　彰・瀬川恭平：東海水研報，115，47-64（1985）．

13）J.R.Hunter, N.C.H.Lo and R.J.H.Leong: *NOAA Tech.Rep.NMFS*, 36, 67-77（1985）．

14）中井甚二郎：東海水研報，9，109-150（1962）．

15）宇佐美修造：東海水研報，38，1-30（1964）．

16）J.Alheit : *Rapp.P-v.Reun. Cons.int. Explor. Mer*, 191, 7-114（1989）．

17）宇佐美修造：東海水研報，70，25-36（1972）．

18）平本紀久雄：日本生態学会誌，23，110-125（1973）．

19）近藤恵一・堀　義彦・平本紀久雄：マイワシの生態と資源，日本水産資源保護協会，1976，68pp.

20）川崎　健：水産海洋研究，53，178-191（1989）．

21）伊藤嘉昭・藤崎憲治・斎藤　隆：動物たちの生き残り戦略，日本放送出版協会，1990，229pp.

22）平本紀久雄：千葉水試研報，39，1-127（1981）．

III. 卵・仔魚の生態変化

7. 産卵期と産卵場

銭 谷 　 弘 *

　太平洋岸のマイワシの資源量は 1988 年以降減少し，近年低水準にある [1]．また年間総産卵量も 1990 年以降減少し低水準にある [2~5]（図 7·1）．産卵期，産卵場に関する既往の知見からは [6~15]，資源量水準に関連して産卵期，産卵場が変化したことをよみとることが可能である．渡部 [8] によると資源量減少期には，環境の温暖化傾向と対応した親魚の分布域の北偏とそれに伴う「生活周期の遅れ」，「産卵場の北偏と縮小」，「産卵場水温の低下」がみられる（表 7·1）．渡部 [8] はこれらの現象を環境の温暖化に従属したマイワシの「適応形態」であるととらえている．

　本稿では産卵調査データの解析結果にもとづき，近年の資源量高水準期（1970 年代後半～1980 年代前半）と資源量減少期（1988 年以降）に観察された産卵期や産卵場の変化を，それ以前の資源変動期（1940 年代～1970 年代）

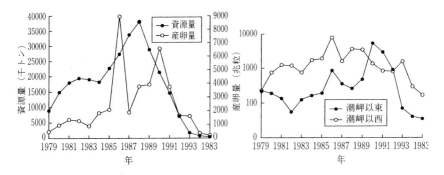

図7·1　太平洋岸のマイワシ資源量，産卵量（左）および東西海域の産卵量（右）の経年変化
　　　　資源量は長谷川 [1] より，産卵量は森ら [2]，菊地・小西 [3]，石田・菊地 [4]，銭谷ら [5] に
　　　　データを追補

* 南西海域水産研究所

と比較しつつ総括する．さらに産卵期や産卵場の変化を渡部[8]が指摘した環境温暖化に付随する機構として説明することを試みる．

表7・1　マイワシ個体群構造の変化と環境への適応様式の変化

年代	資源の動向	個体群の構造	産卵期	産卵場	無機的環境	引用文献
1929～	高水準期	大回遊群主体	早い 11月～翌年3月		北部海域低温 紀州沖A型冷水塊形成 (1934～1944)	渡部[8]
～1945	減少期	大回遊群激減	早い 11月～翌年3月		北部海域低温 A型冷水塊持続	渡部[8]
～1959	減少期		遅れる 1～3月		暖化傾向	渡部[8]
1960～1963	減少期		遅れる 3～6月		温暖 異常冷水 (1963)	渡部[8]
1964～1971	低水準期 (増加期)	小回遊群主体	早まる 11月～翌年3月		低温化傾向	渡部[8] 平本[21]
1972～1979	増加期		11月～翌年6月 2～6月 (3月中心)	日向灘～四国沖, 関東近海 (1971～1978) 薩南～房総沖 (1979)	低温化傾向	渡部[8]
1980～1987	高水準期	大回遊群主体	2～3月中心	薩南～房総沖	低温傾向	本報告
1988～1991	減少期	新規加入激減	10～12月産卵量 水準低化 4～6月産卵量増加 (1990～1993) 2～3月中心	薩南～房総沖	温暖化	本報告
1992～1995	減少期 (低水準期)	大回遊群激減	10～12月産卵量 水準低化 2～3月中心	日向灘～四国沖, 関東近海	温暖化	本報告

§1. 産卵期

日本近海でのマイワシの産卵期は 12 月から翌年 6 月までの長期に及ぶが，伊東[6]によると南部海域で早期に始まり，北部海域ほど遅くかつ短くなる．伊東[6]が示した産卵期の地理的な傾向は 1950 年代の資源量低水準期の場合を総括したものであるが，第 2 次大戦前の資源量高水準期と 1950 年代の資源量低水準期の間には大きな相異を認めていない．また，1980 年代の高水準期においても同様である[2]．1993 年の卵の月別分布のパターンは Nakai[7]が示した卵の月別分布のパターンと非常に類似し，伊東[6]が示したように南部海域で早期に始まり，北部海域ほど遅くなる傾向が近年の資源量減少期でもみられる（図

7・2). 海域による産卵期の早晩は資源量水準には直接関係ないようであるので, 本稿では産卵期の変化を太平洋側全域について総括する.

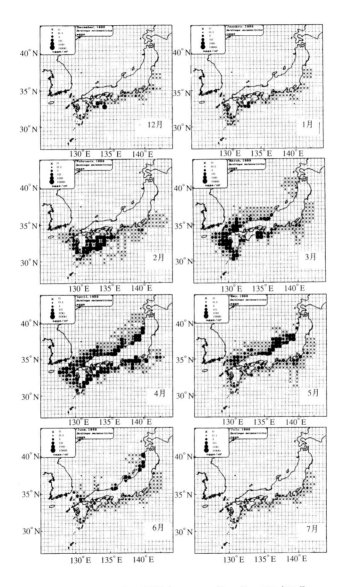

図7・2　マイワシ卵の月別分布 [5]：1992 年 12 月〜1993 年 7 月

資源量高水準期においては，太平洋側全域の主産卵期は産卵量の多さから 2
～3 月とされている [16]．本稿ではマイワシの産卵期の経年変動を検討するため，
各年の産卵量を 1～3 月，4～6 月，10～12 月の 3 期間に分けて集計し，さら
に年 i，集計期間 j の産卵量 $E(i, j)$ を $(E(i, j) - m(j)) / \sigma(j)$ で標
準化した値を用いて長期的な傾向を検討した．ここで，$m(j)$，$\sigma(j)$ は各々
1978～1995 年の集計期
間別の標本平均，標本分
散である．1990～1993

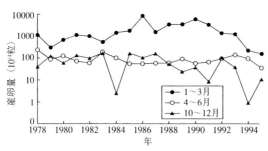

図7・3　太平洋マイワシの期間別産卵量の経年変化

年に 4～6 月の産卵量の
増加がみられたが，年間
産卵量のうち 1～3 月の
産卵量水準は依然として
高く，資源量低水準期で
も主産卵期は 2～3 月で
あると判断される（図 7・3）．
渡部 [8] がまとめた 1929～1979
年の資源動向に対応した産卵期
の記述では資源量が低水準であ
るときには産卵期が遅れ，逆に
資源量高水準期には産卵期の早
期化がみられるとしている．近
年の資源量減少期（1988 年以
降）には資源量高水準期（1978
～1987 年）と比較して 10～12
月の産卵量が少なくなる傾向が
みられた（図 7・4）．「10～12
月産卵量の減少」を「生活周期
の遅れ」≒「産卵期の遅れ」と
解釈するならば，渡部 [8] が示し
た結果と同じ現象が近年の資源

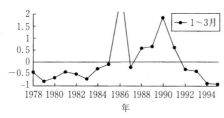

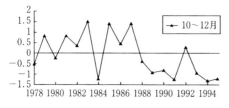

図7・4　太平洋マイワシの期間別産卵量アノマリー

減少期でもみられたことになる．

§2．産卵場

　資源量の減少過程において 1990，1991 年に潮岬以東海域での年間産卵量が
潮岬以西海域での年間産卵量を上回り，一時的に産卵場の東偏傾向がみられた[13]．
しかし 1992 年以降は西高東低傾向となっている（図 7・1）．太平洋側のマイワ
シの主産卵期である 2～3 月における卵の分布状況をみると，1982～1991 年に
は東経 130°～142°まで東西方向にほぼ連続的に卵の分布がみられた．しかし
1992 年以降東西方向で不連続な分布パターンとなり，薩南海域での産卵量が減

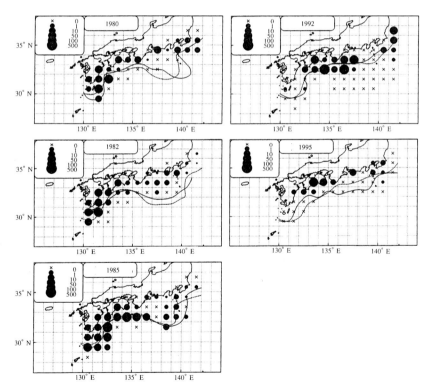

図7・5　太平洋マイワシの主産卵期（2～3 月）における卵分布の変遷
図中の凡例は，改良型ノルパックネット 1 曳網当たり換算平均卵数／緯度経度 1°桝目を表す
破線は 2 月，実線は 3 月の黒潮流路を示す（海上保安庁水路部発行「海洋速報」より）．

少し [15]，最終的に卵が分布する海域は日向灘〜四国沖および熊野灘〜常磐南部海域の 2 つの海域に収斂した（図 7·5）．また資源量の高水準期〜減少期（1985〜1992 年）には沖合域（黒潮の進行方向の右側に位置する海域）でも卵の分布がみられたが [11, 13, 14]，資源量の減少に伴い沖合域で卵を発見する頻度は減少した（図 7·5）．資源量が低水準になっても残留する棲息場所を refuge area [17] とするならば，上記の 2 海域（日向灘〜四国沖および熊野灘〜常磐南部海域）は北西太平洋マイワシの refuge area であると考えられる．「薩南海域，沖合域の産卵場の消失」を「産卵場の北偏と縮小」と考えると，渡部 [8] が示した「産卵場の北偏と縮小」が近年の資源減少期でもみられたことになる．

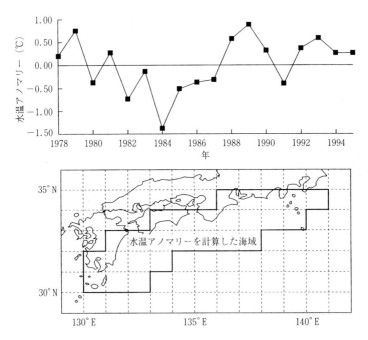

図 7·6　マイワシ産卵場付近の水温アノマリー（上）および水温アノマリー計算に用い
　　　　たデータの範囲（下）

　過去の資源量減少期には温暖化現象が報告されているが（表 7·1），産卵場付近の所定の調査範囲の 2〜3 月の平均表面水温の時系列変化をアノマリーで見ると，やはり 1988 年以降に高温化傾向がみられる（図 7·6）．一方，Lluch

- Belda *et al.*[18] の方法により，卵が効率よく発見される水温を表す指標 *SP*
$(t) = (E(t)／ΣE(t))／(SST(t)／ΣSST(t))$ の 2〜3 月の経年変

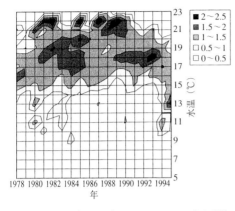

図7·7 主産卵期（2〜3 月）においてマイワシ卵が発見される表面水温の経年変化：1978〜1995 年 1 以上で効率よく卵が発見される[18]．

化を検討したところ，1991 年以降高水温帯（表面水温 20℃以上）で卵を発見する頻度が減少し，1995 年には 13〜15℃台の表面水温帯で卵を発見する頻度が高まっており，「産卵場水温の低下」が観測されている．ここで *E(t)* は表面水温 *t* で卵が発見される頻度，*SST(t)* は表面水温 *t* を観測した頻度である（図 7·7）．ただし，年代を問わず 16〜19℃台の表面水

温帯すなわち沿岸〜黒潮流路付近で卵を発見する頻度は高かった．

§3. 産卵期，産卵場の変化をもたらす機構

　産卵期の早期化（10〜12 月産卵量の増加）や産卵場の拡大は親魚資源量高水準期にみられる現象の 1 つである．さらに，近年の資源量減少期にみられた 10〜12 月の産卵量の減少，および産卵場の refuge area への縮小もマイワシ親魚資源量の減少と関連した現象としてとらえることができる．

　Shiraishi *et al.* [19] は親魚が産卵可能な状態になるためには，十分な栄養蓄積と低水温が関係することを飼育実験により示している．「産卵期の遅れ」は環境温暖化に伴い，10〜12 月に環境水温が産卵可能な水温まで低下しなかったため産卵可能な親魚数の割合が減少し，この時期の産卵量が減少したために観測される現象なのかもしれない．常磐・三陸海域における水温の長期変動解析によると，マイワシの新規加入量は常磐・三陸海域の寒冷期に増大し温暖期に減少することが示唆されている[20]．さらに太平洋岸に分布するマイワシには大回遊型と小回遊型の 2 つの生活型が存在し，資源量低水準期には大回遊型が減少し小回遊型主体の資源構造となる[21]．おそらく大回遊型の消長は常磐・三陸

72

海域の水温変化に指示されるような環境変動に対応した新規加入量水準により決定されるのであろう．1992年まで薩南海域にも産卵場が存在していたことから推察すると（図7・5），「産卵場の北偏・縮小」は温暖化により南方海域の水温が上昇し産卵に不適な海域になったために起こったというよりも大回遊型の資源量の減少を反映し，小回遊型の産卵場（refuge area）がより明瞭になったと解釈すべきなのかもしれない．

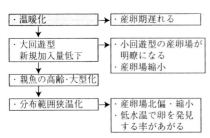

図7・8　温暖化に伴う産卵期・産卵場変化の仮説

「産卵場水温の低下」については以下のように考える．マイワシの棲息適水温は，高齢になると狭温性になると推察されている[6]，（当歳魚12～30℃，1歳魚10～22℃，2歳魚以上10～20℃）．1988年以降の新規加入量の激減に伴い[16]，産卵親魚群の年齢構造も高齢化していたと考えられ，主産卵期に薩南～紀伊水道周辺海域に出現する大羽群の体長モードも1990年以後次第に大きくなっている[22, 23]．産卵親魚の高齢・大型化に伴う分布範囲の狭温化の結果として，高水温域での産卵頻度が減り，低水温域での卵の発見頻度の増加が顕著となったのかもしれない（図7・8）．

　資源量高水準期における「産卵期の早期化」および「産卵場の拡大」はカタクチイワシでもみられた現象である[24]．さらに，資源量の増加に伴う「産卵場の拡大」は，カリフォルニア海流域やチリ，ペルー沖に分布するマイワシ[18]，カリフォルニア海流域に分布するカタクチイワシのデータからも推察できる[25, 26]．資源量の増加に伴う「産卵期の早期化」，「産卵場の拡大」は多獲性浮魚類に共通した産卵生態である可能性が高い．そして，資源量の減少期にはそれとは逆に「産卵期の遅れ」，「産卵場の縮小」がみられる．資源量増加・高水準期には「産卵期の早期化」に伴い産卵期が長期化し，初期減耗の危険分散が可能になっているのかもしれない．また産卵場の拡大も，仔魚の黒潮の沖合域への無効分散の危険性[27, 28]を内包しているとはいえ新規加入成功の機会を増やす効果があるのかもしれない．逆に，いったん「産卵期の遅れ」や「産卵場の縮小」がおこると新規加入成功の機会は減少すると考えられる．卵期や産卵場の変化は，

増加しだすと急激に増加するが，減少しだすと歯止めがきかない浮魚類の資源
変動様式の一端を担っているのかもしれない.

文　献

1) 長谷川誠三：資源量の推定結果，魚種交替
の長期予測研究報告書（水産研究所魚種交
替研究チーム編），水産庁，1997, PP.8-15.

2) 森慶一郎・黒田一紀・小西芳信（編）：日
本の太平洋岸（常磐～薩南海域）における
マイワシ，カタクチイワシ，サバ類の月別，
海域別産卵状況：1978 年 1 月～1986 年
12 月，東海水研，1988, 321pp.

3) 菊地　弘・小西芳信（編）：日本の太平洋
岸（常磐～薩南海域）におけるマイワシ，
カタクチイワシ，サバ類の月別，海域別産
卵状況：1987 年 1 月～1988 年 12 月. 中
央水研・南西水研，1990, 72pp.

4) 石田　実・菊地　弘（編）：日本の太平洋
岸（常磐～薩南海域）におけるマイワシ，
カタクチイワシ，サバ類の月別，海域別産
卵状況：1989 年 1 月～1990 年 12 月. 南
西水研・中央水研，1992, 86pp.

5) 銭谷　弘・石田　実・小西芳信・後藤常
夫・渡邊良朗・木村　量（編）：日本周辺
水域におけるマイワシ，カタクチイワシ，
サバ類，ウルメイワシ，およびマアジの卵
仔魚とスルメイカ幼生の月別分布状況：
1991 年 1 月～1993 年 12 月. 水産庁研究
所資源管理研究報告シリーズA-1, 1-368
（1995）.

6) 伊東祐方：日水研報，9, 1-227（1961）.

7) Z. Nakai : Japan. J.Ichthyol., 9, 1-115
（1962）.

8) 渡部泰輔：漁業資源研究会議報，22, 67-
88（1981）.

9) 渡部泰輔：水産海洋研究，51, 34-39
（1987）.

10) 近藤恵一：東海水研報，124, 1-33
（1988）.

11) 黒田一紀：水産海洋研究，52, 289-296

(1988).

12) 黒田一紀：中央水研報，3, 25-278
（1991）.

13) 菊地　弘・森慶一郎・中田　薫：日水誌，
58, 427-432（1992）.

14) Watanabe, H. Zenitani, and R. Kimura :
Can. J. Fish. Aquat. Sci., 53, 55-61
（1996）.

15) 石田　実：南西外海の資源・海洋研究，11,
1-5（1995）.

16) Y. Watanabe, H. Zenitani, and R. Kimura
: Can. J. Fish. Aquat. Sci., 52, 1609-
1616（1995）.

17) D. Lluch - Belda, D. B. Lluch - Cota, S.
Hernández - Vazquez, and C. A. Salinas -
Zavala : S. Afr. J. mar. Sci., 12, 147-155
（1992）.

18) D. Lluch-Belda, D. B. Lluch-Cota, S. C.
Hernández - Vazquez, A. Salinas-Zavala,
A., and R. A. Schwartzlose : CalCOFI
Rep., 32, 105-111（1991）.

19) M. Shiraishi, K. Ikeda, and T. Akiyama :
Effects of water temperature and feeding
rate on gonadal development in the
Japanese sardine（ Sardinops melano-
stictus）　in captivity, in "Survival
Strategies in Early Life Stages of Marine
Resources"（ ed. by Y. Watanabe, Y.
Yamashita, and Y. Oozeki）,　A. A.
Balkema, 1996, pp.13-19.

20) 児玉純一・永島　宏・和泉祐司：宮城水セ
研報，14, 17-36（1995）.

21) 平本紀久雄：イワシの自然誌，中央公論社,
1996, 183pp.

22) 真田康広：南西外海の資源・海洋研究，11,
23-35（1995）.

23) 津本欣吾：南西外海の資源・海洋研究, 11, 45-51 (1995).

24) 銭谷 弘・木村 量：日水誌, 63, 665-671 (1997).

25) N. C. H. Lo and R. Methot: Spawning biomass of the northern anchovy in 1988. *CalCOFI Rep.*, 30, 18-31 (1989).

26) H. G. Moser, R. L. Charter, P. E. Smith, D. A. Ambrose, S. R. Charter, C. A. Meyer, E. M. Sandknop, and W. Watson: *CalCOFI Atlas.*, 31, 6-7 (1993).

27) K. Nakata, H. Zenitani, and D. Inagake : *Fish. Oceanogr.* 4, 68-79 (1995).

28) H. Zenitani, K. Nakata, and D. Inagake : *Fish. Oceanogr.* 5, 56-62 (1996).

8. 仔魚の成長と生残

渡 邊 良 朗*

　日本の太平洋側におけるマイワシ資源量は，1988 年の 3800 万トンをピーク
として 7 年後の 1995 年には 37 万トンへと 1/100 に減少したと推定されてい
る[1]．このような劇的な減少は魚類資源の研究に貴重な材料を提供した．1988
年の太平洋側海域の漁獲量は 288 万トンであり，漁獲量が資源量に占める割合
はわずかに 8％である[1]．減少の原因が資源量の 1 割以下の漁獲にあったとは
考えられない．本稿ではマイワシ資源量の激減過程を整理し，次に減少の原因
となった生活史初期の高い死亡率を成長と関連させて検討する．

§1. 資源減少過程

　図 8・1 に日本の太平洋側海域における 1985 年から 1993 年までのマイワシ
資源量と漁獲量，年齢組成，産卵量，加入尾数を示した．これを見ると資源量

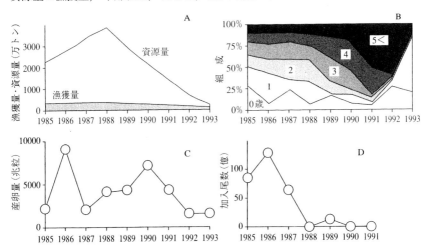

　図8・1　日本の太平洋側海域におけるマイワシの資源量と漁獲量（A），漁獲物の年齢組成（B），
　　　　産卵量（C）および加入尾数（道東海域における1歳魚来遊資源尾数）（D）の経年変動

* 東京大学海洋研究所

減少過程についていくつかのことがわかる．まず，資源量減少（A）はマイワシ個体群の高齢化（B）を伴っていたこと，そしてこの高齢化は 1988 年以降の加入量激減（D）の結果，マイワシ個体群中に占める若齢群の割合が年々低下したためであることがわかる．1988 年から 4 年間連続して起こった加入量激減が太平洋側のマイワシ資源量激減の直接の原因であった[2]．

　加入量激減の原因としてまず最初に考えられる産卵量は，1988 年以降も高水準を維持していた（C）．にもかかわらず加入量が激減したということは，1988 年以降に大量に生み出された卵が加入までの生活史の最初の約 1 年間に大量に死亡したことを示している．卵から加入までのどの発育段階で大量死亡が起こったかを考えるために，卵期以降の各発育段階における豊度の関係を図 8・2 に示した．卵と卵黄仔魚，卵黄仔魚と摂餌開始期末の仔魚（固定体長 6.0〜7.9 mm）のいずれにも正の相関関係がみられる．すなわち産出された卵の量に比例して卵黄仔魚も摂餌開始期末の仔魚も多かったのである．摂餌開始期における死亡率の変動によって年々の加入量が決まるという Critical period [2] 仮説は日本のマイワシの資源減少過程を説明しなかった．一方，摂餌開始期末の仔魚豊度と 1 歳時点での加入量の間に相関関係は全くみられなかった．これらのことは，マイワシの加入量（年級群豊度）は摂餌開始期という生活史のいわば一瞬間に決まるのではなく，それ以降の 1 年間の累積的な減耗過程の結果として決まることを示している[3]．

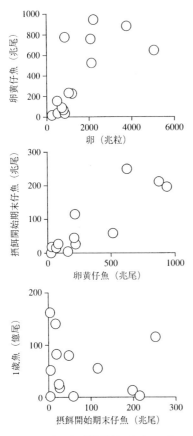

図 8・2　日本の太平洋側海域におけるマイワシの卵−卵黄仔魚（A），卵黄仔魚−摂餌開始期末仔魚（B），摂餌開始期末仔魚−1歳魚（C）の各豊度間の相関関係

§2.　加入量変動と成長・生残解析

摂餌開始期に加入量が決定されるとする Hjort [2] の Critical period 仮説は
1970 年代以降魚類初期生活史研究の中心的な仮説という位置づけを与えられ
てきた．しかし，実際のデータを用いた検討では，例えば北米太平洋岸のカタ
クチイワシ *Engraulis mordax* では仔魚初期における死亡率が加入量の決定要
因になっていないこと [4]，カリフォルニアマイワシ *Sardinops sagax caerulea*
についても仔魚期の死亡率が年級群豊度と関係しないことが示されている [5]．
上に述べた日本周辺のマイワシの例も摂餌開始期末までには年級群豊度が決定
していないことを示している．Houde [6] は年級群豊度が初期生活史のある瞬間
に決まるのではなく，仔稚魚期を通じた加入までの諸過程の累積として決まる
という考え方を提案した．天然海域において被食，飢餓，流れによる生育場外
への輸送，病気などの要因による死亡を定量評価することは困難である．
Houde [6] は累積的な死亡率は成長速度の関数であると考え，成長速度を左右す
る要因が加入量変動に大きく影響すると考えた．Meekan and Fortier [7] は大西
洋のマダラ *Gadus morhua* の 1991～1992 年級群と 1992～1993 年級群の成
長を解析した結果，体長 20 mm 以上の着底稚魚を用いて推定した仔魚期にお
ける成長速度が，その年級群全体としての仔魚期の成長速度より速いことを示
した．この現象は，成長の速い個体の生残率が成長の遅い個体の生残率より高
く，結果としてより成長が速い個体が着底稚魚群の主体を構成したと解釈され
る．同じ現象は，Butler and Nishimoto [8] によってカリフォルニア海流域の
Merluccius productus でも報告されている．さらに，Campana [9] は大西洋の
マダラについては，90 日齢以上の着底稚魚の耳石半径から推定した年級群別の
仔稚魚期の成長速度が年級群豊度と正相関することが明らかにした．また，
Bailey *et al.*[10] によるスケトウダラの加入量変動に関する研究の結果も成長と
加入量の関係を支持している．これらの研究は，仔魚から加入時までの成長速
度がこの間の累積生残率を通して年級群豊度を規定するという Houde [6] の考え
方を支持し，仔稚魚期における成長速度と生残率の推定が，加入量変動，資源
量変動研究の中心課題であることを示している．

§3. 飼育条件下での仔魚の成長

マイワシ（*Sardinops* 属）を受精卵から飼育する試みは 1970 年代から行われている．Kimura and Sakagawa [11] はカリフォルニアマイワシ *S. sagax* を水温 16～18℃で飼育し，1ヶ月後に体長 21 mm の仔魚を得た．Brownell [12] は南アフリカのマイワシ *S. ocellata* を 20～23℃で 4 週間飼育した結果，成長速度は 0.2～1.0 mm/日と個体差が大きかった．日本のマイワシ *S. melanostictus* について松岡・三谷 [13] は，長崎港近海で採集された受精卵を 17.8℃で飼育し，ふ化後 18 日で全長約 10 mm の仔魚を得た（0.3～0.4 mm/日）．Hayashi *et al.* [14] は水温約 18℃で飼育してふ化後 15 日間では 0.7 mm/日，その後の 15 日間については 0.6 mm/日という成長速度を得た．また，Nakamura *et al.* [15] は，ふ化仔魚を 80 日間飼育して変態後の稚魚を得た．ふ化後 15 日の仔魚の体長は 16.2 mm で，成長速度は 0.9 mm/日と大きかった．仔魚から稚魚への変態期には成長速度が一時低下したが，変態後に再び加速した．以上のように，*Sardinops* 属マイワシ仔稚魚の飼育は水温 16～23℃で行われ，仔魚期の成長速度は 0.5～0.9 mm/日の範囲にあった．

§4. 仔魚成長速度の年変動

天然海域における仔魚の成長速度の推定が耳石日輪解析によって可能になった．*Sardinops* 属マイワシについては，Butler and Mendiola [16] がチリマイワシ *S. sagax* の日齢－体長関係を logistic 曲線であらわし，体長 12.7 mm において極大成長速度 0.8 mm/日を得た．カリフォルニアマイワシ *S. sagax* について Butler [17] は，10 日齢時に 0.6 mm/日と最大を示した後に成長速度は次第に低下し，30 日齢時には 0.4 mm/日となったことを報告した．日本周辺のマイワシ *S. melanostictus* について，Watanabe *et al.* [18] は黒潮流軸の沖合域で採集したマイワシ仔魚の日齢－体長関係を直線回帰し，採集点によって 0.4～0.9 mm/日という成長速度の違いがあることを示した．黒田 [19] も黒潮域で採集したマイワシ仔魚の日齢－体長関係を直線に回帰させて 0.7 mm/日という成長速度を得た．

Butler [17] が示したように，マイワシ仔魚では成長に伴って成長速度が変化する．Zenitani *et al.* [20] はブイによって標識した仔魚群を 2.5 日間追跡し，ふ化

日コーホートの平均全長の増加から成長速度を推定した. その結果, 固定全長 6.0 mm までの仔魚では成長速度が 0.4～1.4 mm/日と高く, 体長範囲 6.0～ 10.0 mm ではこれより成長速度が低下する傾向にあった. Oozeki and Zenitani [21] は耳石縁辺の輪紋間隔から採集前 5 日間の成長速度を推定した結果, 5～6 日齢仔魚ではおよそ 1.0 mm/日であったが日齢とともに成長速度は低下して 10 日齢以上の仔魚ではおよそ 0.6 mm/日であった. Watanabe and Kuroki [22] は日向灘南部海域のシラス漁場で採集した仔魚の成長速度を個体別に逆算推定した結果, 成長速度は仔魚期初期に大きく, 仔魚期後半に次第に低下し, Gompertz 式に回帰させた成長曲線の極限体長がおよそ変態体長に相当することがわかった.

　Watanabe and Saito [23] は遠州灘沖の黒潮フロント域で採集した稚魚（尾叉体長 32～50 mm）の成長過程を逆算した結果, 成長速度は体長 10 mm 時に 1.1 mm/日であったがその後次第に低下して, 体長 30 mm 時には 0.7 mm/日となったことを示した. さらに, Watanabe and Nakamura [24] は渥美半島外海域シラス漁場で採集した仔魚についても, ふ化から 10 日齢までは 1.0～0.8 mm/日と成長速度が高いが, 15～20 日齢では 0.6～0.8 mm/日へと低下することを示した. 以上のように, 天然海域での仔魚の成長速度は, 仔魚期初期に高く, 日齢とともに低下する傾向が一般的であることがわかっている. このことは, 成長速度の経年的, あるいは海域間比較を行う場合には, 日齢あるいは体長範囲をそろえる必要があることを示している.

　仔稚魚期の生き残りあるいは加入量変動と, 仔魚期から稚魚期初期にかけての成長速度との間に一定の関係があるとすれば, 1970～1990 年代にかけてのマイワシの大規模な資源量変動は, 何らかの仔魚成長速度の変動と関連していると考えられる. しかし, 上に述べたように天然仔魚の成長速度の耳石日輪に基づく解析が行われるようになったのは, カリフォルニア海流域やフンボルト海流域では 1980 年代半ばから, 黒潮流域では 1990 年代に入ってからであった. このために, 過去 30 年間の資源の大変動に対応する仔稚魚成長速度の時系列データは存在しない.

　Watanabe and Nakamura [24] は渥美半島外海域シラス漁場の仔魚について, 1991 年の日齢別全長が 1990 年より有意に大きいことを示した. 岸田ら [25] は

太平洋海域におけるマイワシシラス豊度が 1980 年代に高く 1988 年以降直線的に減少したことを示したが，Watanabe and Nakamura [24] が想定したような密度依存的成長があるとすると，1980 年代の仔魚の成長は遅かったということになる．しかし，1980～1990 年代初めにかけて黒潮流軸周辺に広く分布したマイワシ仔魚の分布密度はシラス漁場の密度と比べれば小さく，密度と成長との負の相関がマイワシ仔魚の分布域全般に存在するとは考え難い．加入後の年齢別体長は 1970 年代から 1980 年代にかけての大規模な資源変動に伴って太平洋側でも日本海側でも大きく変化した [26, 27]．成魚の年齢別体長の違いは，生活史の中で最も成長が盛んな稚魚期の成長速度の違いに起因すると思われる．

§5. 仔魚生残率の年変動

　天然海域で生残率を推定するためには，ある海域において調査期間中に仔魚のふ化，成長，生残が定常的に進行すると仮定して，採集によって得られた発生段階，体長階級あるいは日齢別の仔魚数を死亡モデルに当てはめることによって推定できる．Nakai and Hattori [28] は 1949～51 年に黒潮域および対馬暖流域で採集した卵および仔魚の発育段階別総数から年別の生残曲線を求めた．この年代には仔魚の日齢を査定することはできなかったために，初期仔魚の成長速度として 0.2 mm/日という小さい値が用いられているので，単位時間当りの死亡率推定値としては信頼性がない．しかし，論文中にあるふ化後の体長階級別豊度（採集数）と今日得られている平均的な仔魚の成長速度 [22] を用いることによって，日本周辺海域におけるマイワシ仔魚の平均的な生残過程を推定することができる．指数関数死亡モデルによって 1 日当り瞬間死亡率を計算すると，1949 年は 0.32，50 年は 0.37，51 年は 0.34 とこの 3 年間では比較的安定した値が得られる（図8·3）．

　また，日本海，東シナ海，太平洋の 3 海域における 3 年間の総採集尾数から死亡曲線を求めると，瞬間死亡率は日本海で 0.26，東シナ海で 0.27 であるのに対して，太平洋では 0.34 と高い値になる．

　Butler [17] は瞬間死亡率が日齢とともに変化する死亡モデル（$Z = \beta/t$，Z は 1 日当り瞬間死亡率，β は死亡係数，t は日齢）を用いてカリフォルニアマイワシの死亡係数の年変動を調べた．その結果，仔魚の死亡係数は資源量が減少し

た 1950 年代から 60 年代にかけてしだいに大きくなったことがわかり，その原因をカタクチイワシ資源量増加に伴う捕食圧の増大に求めた．

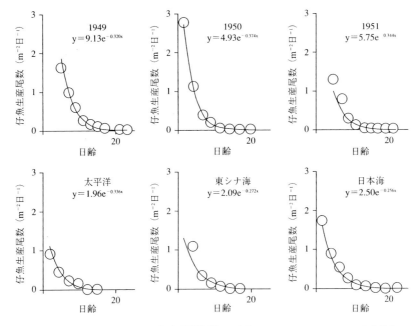

図 8·3　Nakai and Hattori [28] の体長別採集尾数データと Watanabe and Kuroki [22] の成長式を用いて求めたマイワシ仔魚の年別，海域別生残曲線．

マイワシのように広い海域で数ヶ月にわたって産卵する種において，単位時間当りふ化数，成長量，死亡数が一定期間定常状態にあるという仮定を置くことは困難な場合が多く，ある仔魚群について定量的な採集を連続的に行うことが生残率の実測に必要である．Zenitani *et al.* [20] はブイ標識によって黒潮の沖合域の仔魚群を 2.5 日間にわたって追跡して全長 10 mm 以下の仔魚の生残率の実測を試みた．その結果，1 日当り死亡係数は 0.8〜1.1 という高い値が得られ，黒潮の沖合域における仔魚の生残率が著しく低いとした．

マイワシ仔魚の死亡率については，産卵量とシラス期末（全長 40 mm）[29]，産卵量と全長 10 mm 以下の仔魚 [19]，あるいは本書の岸田・須田 [30] が用いた産卵量，仔魚豊度，シラス資源量，加入量など発育段階間の豊度の比から求められる生残率を除くと，資源変動の時系列と対応させることのできる野外観測値

は得られていない．日本の太平洋側海域のように，強勢な海流とそれに伴う複雑な海洋構造が存在するマイワシの産卵場では，仔魚の死亡率推定には様々な困難が伴うが [31)]，近年のように資源の減少に伴って産卵場が沿岸域へと収縮している年代では，産卵場となる沿岸域を対象に，仔魚の定量採集によって生残率の実測が可能かもしれない．Watanabe *et al.* [32)] は 1990～94 年について秋，冬，春の産卵海域別にサンマ仔稚魚の生残曲線を求め，ふ化から体長 40 mm の稚魚までの生残率は大きな年変動を示すことを示した．Bailey *et al.* [10)] はスケトウダラの加入量と成長速度，生残率とを対応させ，生残率がより直接的に加入量を左右していると述べている．いずれにしても，資源量変動と仔魚の成長速度や生残率との関係を明らかにするためには，数年以上にわたる推定値の蓄積が必要である．

文　献

1 ）水産研究所魚種交替チーム：魚種交替の長期予測研究報告書，水産庁，1997，96pp.

2 ）J. Hjort : *Rapp P-v. Reun. Cons. perm. int. Explor Mer*, 160, 1-228（1914）.

3 ）Y. Watanabe, H. Zenitani, and R. Kimura : *Can. J. Fish. Aquat. Sci.*, 52, 1609-1616（1995）.

4 ）R. Peterman, M. J. Bradford, N. C. H. Lo, and R. D. Methot : *ibid.*, 45, 8-16（1987）.

5 ）J. L. Butler: *ibid.*, 48, 1713-1723（1991）.

6 ）E. D. Houde : *Am. Fish. Soc. Symp.*, 2, 17-29（1987）.

7 ）M. G. Meekan and L. Fortier: *Mar. Ecol. Prog. Ser.*, 137, 25-37（1996）.

8 ）J. L. Butler and R. N. Nishimoto: *CalCOFI Rep.*, 38, 63-68（1997）.

9 ）S. E. Campana : *Mar. Ecol Prog. Ser.*, 135, 21-26（1996）.

10）K. M. Bailey, A. L. Brown, M. M. Yoklavich, and K. L. Mier : *Fish. Oceanogr.*, 5（Suppl. 1）, 137-147（1996）.

11）M. Kimura and G. T. Sakagawa : *Fish. Bull.*, *U. S.*, 70, 1043-1052（1972）.

12）C. L. Brownell : *S. Afr. J. Mar. Sci.*, 1, 181-188（1983）.

13）松岡正信・三谷卓美：西水研報, 67, 15-22（1989）.

14）A. Hayashi, Y. Yamashita, K. Kawaguchi, and T. Ishii : *Nippon Suisan Gakkaishi*, 55, 997-1000（1989）.

15）K. Nakamura, K. Takii, O. Takaoka, S. Furuta, and H. Kumai : *ibid.*, 57, 345（1991）.

16）J. L. Butler and B. R. Mendiola: *CalCOFI Rep.*, 14, 113-118（1985）.

17）J. L. Butler: Comparisons of the larval and juvenile growth and larval mortality rates of Pacific sardine and northern anchovy and implications for species interactions. Doctoral thesis, Univ. Calif. San Diego, 1987, 242pp.

18）Y. Watanabe, K. Yokouchi, Y. Oozeki, and H. Kikuchi: *ICES C.M.-ICES 1991/L* : 33（1991）.

19）黒田一紀：中央水研報, 3, 25-278（1991）.

20）H. Zenitani, K. Nakata, and D. Inagake: *Fish. Oceanogr.*, 5, 56-62（1996）.

21）Y. Oozeki and H. Zenitani : Factors

affecting the recent growth of Japanese sardine larvae (*Sardinops melanostictus*) in the Kuroshio Current. in "Survival Strategies in Early Life Stages of Marine Resources" (ed. by Y. Watanabe, Y. Yamashita, and Y. Oozeki) , A. A. Balkema, 1996, pp. 95-104.

22) Y. Watanabe and T. Kuroki: *Mar. Biol.*, 127, 369-378 (1997).

23) Y. Watanabe and H. Saito: *J. Fish Biol.*, 53, 519-533 (1998).

24) Y. Watanabe and M. Nakamura: *Fish. Bull., U. S.*, 96, in press (1998).

25) 岸田 達・勝又康樹・中村元彦・柳橋茂昭・船越茂雄：中央水研報, 6, 57-66 (1994).

26) T. Wada and M. Kashiwai: Changes in growth and feeding ground of Japanese sardine with fluctuation in stock abundance. in "Long-term Variability of Pelagic Fish Populations and Their Environment" (ed. by T. Kawasaki, S. Tanaka, Y. Toba, and A. Taniguchi) , Pergamon Press. 1991, pp. 181-190.

27) Y. Hiyama, H. Nishida, and T. Goto: *Res. Popul. Ecol.*, 37, 177-183 (1995).

28) Z. Nakai and S. Hattori: Bull. Tokai Reg. Fish. Res. Lab., 9, 25-60 (1962).

29) 渡部泰輔：水産海洋研究, 51, 34-39 (1987).

30) 岸田 達・須田真木：シラス資源, "マイワシの資源変動と生態変化"（渡邊良朗・和田時夫編）, 恒星社厚生閣, 1998, pp.19-26.

31) 渡邊良朗: 減耗率推定法, "魚類の初期減耗"（田中克・渡邊良朗 編）, 恒星社厚生閣, 1994, pp. 34-46.

32) Y. Watanabe, Y. Oozeki, and D. Kitagawa: *Can. J. Fish. Aquat. Sci.*, 54, 1067-1076 (1997).

IV. 稚魚・未成魚の生態変化

9. 黒潮続流域の北上稚魚

木 下 貴 裕[*1]

　1980 年代の終りから 1990 年代初めにかけての日本の太平洋岸に分布するマイワシ資源の急減は，新規加入量が 1988～1991 年にかけての 4 年間連続して極めて低水準であったために生じた[1]．コホート解析による 1976～1996 年のマイワシ太平洋系群の資源評価結果[*2]では，再生産指数（0 歳魚資源尾数／親魚資源尾数）の年による差は最大約 500 倍に達する．加入量が決定される成長段階について，産卵量と仔魚の分布量には正の相関が認められるが，仔魚と漁獲加入量との間には関係が認められず，後期仔魚期から漁獲加入期までの減耗の程度が，加入量を決定していることが示唆されている[1]．

　漁獲対象資源に加入する以前の稚魚の分布に関する知見としては，ロシアの太平洋漁業海洋研究所（TINRO）が 1985～1995 年に行った調査があげられる[*3]．この調査は年によって調査の海域や期間にずれがあるが，北西太平洋の亜寒帯水域で，7～9 月に中層トロールによって行われ，尾叉長 10 cm 程度のマイワシ稚魚が採集されている．この採集結果にもとづいてロシア側が算出した亜寒帯水域における 0 歳魚の資源尾数と，コホート解析によって得られた加入尾数（0 歳魚資源尾数）の関係は（図 9・1），経年的に同様の変動を示し両者の間には正の相関（P＜0.05）が認められた．このことは亜寒帯水域におけるマイワシ稚魚の分布量が，マイワシ太平洋系群の年級群豊度の指標として有効であることにとどまらない．加入量を決定する仔稚魚期の生残率の変動が，尾叉長 10 cm に成長して亜寒帯水域に分布する 7～9 月以前の段階で起きていることを示唆している．

[*1] 中央水産研究所
[*2] 中央水産研究所資料
[*3] 1996 年日ロ漁業専門家・科学者会議資料

　日本の太平洋側で産卵されたマイワシの多くは黒潮および黒潮続流によって北西太平洋の沖合域に輸送され，黒潮続流域から混合域は仔稚魚期の重要な成育場と考えられている[2]．したがって，マイワシの加入量変動機構の解明には，黒潮続流域および混合域における生態を明らかにすることが極めて重要である．しかし，従来用いられてきた口径が比較的小さいプランクトンネットや稚魚ネットなどでは，網口からの逃避により，稚魚の定量的採集は困難であった[3,4]．このため，わが国における後期仔魚期以降の仔稚魚の生態に関する知見は，沖合域での分布や被食事例[5~8]など，限られたものにとどまっている．そこで筆者らが 1995 年より開始した中層トロールによる調査を中心に，黒潮続流域および混合域におけるマイワシ仔稚魚の分布と生態について紹介する．

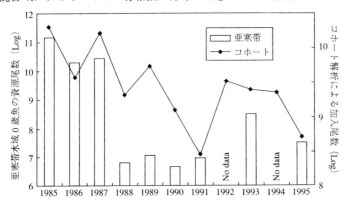

図9・1　亜寒帯水域におけるトロール調査にもとづいた 0 歳魚の資源尾数と，コホート解析によるマイワシ太平洋系群の加入尾数（0 歳魚資源尾数）．0 歳魚の資源尾数はロシア TINRO 資料，加入尾数は中央水産研究所資料．縦軸は底 10 の対数で示す．

§1. 分布域

　中層トロール調査によって採集されたマイワシ仔稚魚と 100 m 層の水温の分布を図 9・2 に示した．1995 年の調査は予備調査としての性格が強く，調査海域も他年と比べ狭いが，マイワシ仔稚魚が採集された曳網点は，150°E 以東で比較的多く認められた．またこの年の総採集尾数の約 1/2 は，調査海域の最も東に位置する 154°E の曳網点で採集され，調査海域の東方にもマイワシ仔稚魚の分布域が存在することを示唆するものであった．1996 年の調査は，1995

年の調査よりも 1 ヶ月遅い 6 月に，調査海域を東方に拡大して行った．仔稚魚
の分布は 167°E まで認められたが，170°E では採集されなかった．1997 年の
調査は，5〜6 月に，調査海域をさらに西経域にまで拡げて行ったが，165°E
よりも東での分布は認められなかった．また 3 年間の調査で，1 歳魚以上のマ
イワシは 152°E 以東では採集されなかった．

100 m 層水温との対応では，1995 年の調査では 100 m 層水温 15℃の海域
を中心に分布が認められたのに対し，1ヶ月遅い 1996 年の調査では 10℃付近
の海域にまで分布が認められた．

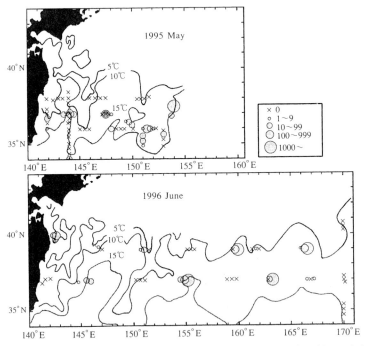

図9·2　中層トロールによって採集されたマイワシ仔稚魚の分布と 100 m 層水温（木下，未発表）
　　　曳網点が3〜4点ずつ集まっているのは，曳網は夜間に行い，昼間は航走に専念したことと，
　　　調査が最も夜間が短い季節に行われたためである．

§2. 成長と移動

中層トロール調査によって採集された仔稚魚の体長組成を図 9·3 に示す．
1995 年 5 月に採集されたマイワシ仔稚魚は，標準体長 30〜40 mm を主体と

した単峰型の組成を示した．これに対して，調査時期が 1 ヶ月遅い 1996 年 6 月に採集された仔稚魚は，ほとんどが 50 mm 以上で，体長組成は 50～60 mm と 80～96 mm に峰をもつ双峰型を示した．1996 年の仔稚魚の採集位置を，調査海域のほぼ中央である 157°E を境に東西で区分すると，明らかに東側で大型個体が多かった．さらに調査海域の南北についても 38°N を境に体長を比較したところ（図 9·4），東西ほど明瞭ではないが，南側よりも北側で大型個体が多く認められた．1996 年に採集された仔稚魚の日齢査定結果では，体長 50 ～60 mm で 60 日齢前後，80～90 mm で 90 日齢前後であった（木村　量，私信）．これらのことから，両年の体長組成の違いは 1995 年が 1 ヶ月調査時期が早いことに起因すると考えられる．また東西と南北による体長組成の差は，仔稚魚が黒潮続流域を東方に輸送されながら成長し，また成長にともない，黒潮続流域から北方の混合域へと移動していることを示すものと考えられる．

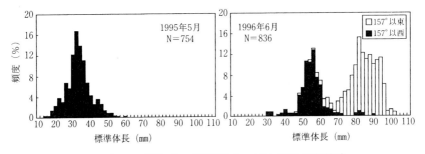

図 9·3　トロール調査によって採集されたマイワシ仔稚魚の体長組成
1995 年の曳網点はすべて東経 157° 以西に位置する（木下，未発表）．

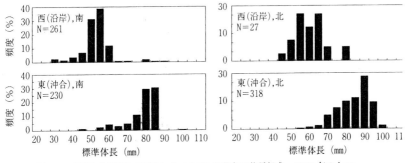

図 9·4　東西および南北で区分したマイワシ仔稚魚の体長組成．1996 年のトロール曳網点を，東経 157° および北緯 38° を境に区分した（木下，未発表）．

§3. 栄養の蓄積状態

　仔稚魚の栄養の蓄積状態を把握するため，肥満度を計算するとともに脂肪蓄積の指標である炭素／窒素（C/N）比[9~11]の測定を行った（図9・5）．1996年に採集された仔稚魚では，肥満度は体長とともに増加が認められ，体長90mm付近では12~15に達した．C/N比は，体長50mmまではほぼ一定であるが，それ以降は体長の増加とともに指数関数的に増加し，個体差も拡大した．1995年に採集された仔稚魚では，肥満度は体長とともに増加が認められたが，標本の体長範囲が30~60mmに限られ，体長50mmを境とするC/N比について言及するのは困難であった．

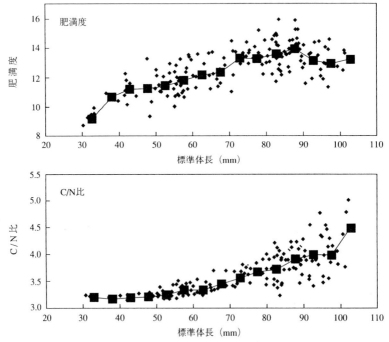

図9・5　1996年に採集されたマイワシ仔稚魚の標準体長に対する肥満度とC/N比の変化
　　　　図中の折れ線は5mm間隔で計算した平均値の変化を示す（木下，未発表）．

　マイワシ仔稚魚の成長と変態について，Matsuoka[12]は標準体長20~34mmが仔魚から稚魚への変態期であること，また標準体長60~70mmですべての形質が完成することを報告している．したがって，50mmを境にしたC/N比

の変化は，稚魚期に入って遊泳力が増し摂餌能力が増大するとともに，分布域が拡大して個々の個体が遭遇する餌料環境も大きく変化することを反映したものと考えられる．

1995 年と 1996 年に採集された仔稚魚を対象に，体長別に曳網点間の C/N 比の平均値を検討したところ，大型の体長 80〜90 mm の稚魚では，曳網点間で統計的に有意な差（P＞0.05）が認められなかったのに対して，30〜60 mm の仔稚魚では曳網点間で有意な差（P＜0.01）が認められた．このことから，仔稚魚期でも，特に変態期からその直後にかけての時期に，同じ体長範囲にあっても栄養状態が異なる群が出現し，これがその後の生残に関係する可能性があることが示唆される．しかし，C/N 比の差に対応する水温条件や餌料条件の違いは明らかではなく，今後耳石日周輪に基づく仔稚魚の成長履歴の比較を併用し，生き残りに必要な条件を明らかにする必要があろう．

§4. 分布域の変化

北西太平洋におけるマイワシの分布域は，資源量の水準とともに大きく変化し，高水準期には西経域にまで拡大することが知られている[7, 13]．コホート解析の結果に基づけば1996 年のマイワシ太平洋系群の資源量は，1980 年代後半の資源極大期の 1%以下の水準と推定される．したがって現時点での分布の広がりを把握することは，マイワシの資源変動を明らかにするための重要な鍵の一つであろう[14]．

ロシアによる中層トロール調査は，1995 年 7〜8 月に行われた調査を最後に中止となった．この 1995 年の調査では，中央水産研究所の調査で確認されたマイワシ稚魚の分布域の東北端に隣接した，40°N163°E から北西に向けての分布が認められた．また分布域の表面水温は，北西に向かって低温化していた．採集地点別の体長は不明であるが，尾叉長範囲は 105〜125 mm，平均 117 mm と報告されている＊．

中央水産研究所が行った 5〜6 月の調査では，標準体長 105 mm 以下の仔稚魚が，黒潮続流域を成長とともに東に，あるいは黒潮続流域から北方の混合域へ移動することを示している．ロシアの調査結果は，7〜8 月，さらに成長し

＊ 1996 年日ロ漁業専門家・科学者会議資料

たマイワシ稚魚が分布の東端へ達した後に反転し，西方，すなわち日本沿岸域
への移動を開始していることを示唆するものであろう．

　これらのことから，現在の分布域の東限は，170°E 付近と推察される．
1980 年代中頃の資源高水準期におけるマイワシの分布域の東限は，日付変更
線を越えた 165°W 付近とされており[2]，資源量の低下とともにマイワシの分
布域が，東西方向で約 1/2 に縮小したことが示唆される．また一方では，現在
の資源水準においても，多くの仔稚魚が北西太平洋のかなり沖合域までを生活
領域として利用していることを示すものでもあろう．

§5. 黒潮続流域における魚類の分布特性

　1995 年の中層トロール調査によって採集された魚種は，100 種が同定され，
属や科などの段階にとどまった未同定種を含めると 137 種に上った．さらに主
要漁獲対象種は，体長組成から標準体長 100 mm を境に，マイワシとサバ類は
仔稚魚と 1 歳以上に，カタクチイワシは未成魚と成魚に区分した．図9・6 に成
長段階別の主要漁獲対象種と 100 m 層水温の分布を示す．マイワシ仔稚魚は，
調査海域の沖合側，比較的水温の高い東南部に多く分布が認められた．これに
対してマイワシの 1 歳以上の分布は沿岸寄りに集中し，沖合では 100 m 水温
10℃以下の 1 曳網点にとどまった．稚仔魚と 1 歳以上が同時に採集された曳網
点は 1 点に限られ，両者の分布は明らかに異なった．マイワシに認められた成
長段階による分布域の違いは，カタクチイワシやサバ類にも共通して認められ，
仔稚魚または未成魚が多く採集された調査海域の東南部では，1 歳以上のサバ
類またはカタクチイワシ成魚の分布が全く認められなかった．ハダカイワシ科
のゴコウハダカ，イサリビハダカおよびアラハダカでも，調査海域の東南部に
小型個体が多く分布する傾向が認められた．このことはマイワシに限らず多く
の魚種に共通して，この調査海域の東南部が初期生活段階の成育場として機能
している可能性が考えられる．

　1995 年の調査で得られた，魚種別の総採集個体数を多い順に並べると，カ
タクチイワシ未成魚，サバ類仔稚魚，カタクチイワシ成魚の順で，マイワシ仔
稚魚は 19 番目であった．またカタクチイワシ未成魚に対するイワシ仔稚魚の

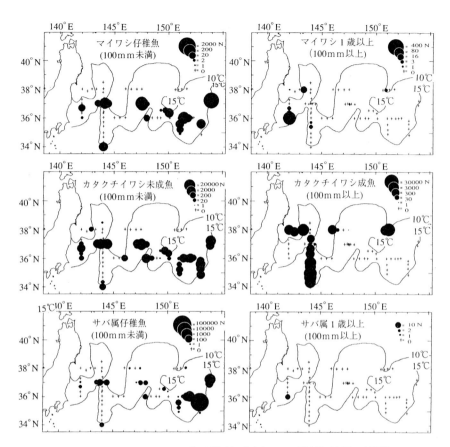

図9・6　成長段階で区分した主要浮魚類の分布と100m層水温（木下，未発表）
体長組成を参考に標準体長100mmを境に仔稚魚と1歳魚以上または未成魚と成魚に区分した.

割合は，2.5％にすぎない．このことは，調査点の偏りやトロール網の曳網水深も考慮しなければならないが，現在の黒潮続流域はカタクチイワシが卓越していることを示唆するものであろう．マイワシ資源の高水準期にはどのような状況であったのか，対応する調査が行われていないために比較できない．また黒潮続流域においてかなり大きい生物量をもつ，ハダカイワシ類やイカ類などの知見も非常に少ない．マイワシの資源変動機構の解明には，黒潮続流域における仔稚魚期の生残過程を明らかにすることが最も重要な点と考える．仔稚魚

期の死亡原因としては，飢餓や被捕食，また被捕食に影響を与える成長速度が
あげられるが，これらを明らかにするには，餌料生物と捕食者の質と量の両方
からの研究が必要と考える.

　マイワシに限らずサバ類についても，黒潮続流域および混合域における仔稚
魚期から幼魚期[15]にかけての知見が得られつつある．今後おそらく起きるであ
ろうマサバ資源の増大も視野に入れ，浮魚類の資源変動機構を明らかにするた
めに，黒潮続流域における知見を蓄積していきたい.

文　献

1) Y.Watanabe, H.Zenitani, and R. Kimura : Can. J. Fish.Aquat. Sci., **52**, 1609-1616 (1995).

2) 黒田一紀：中央水研報, **3**, 25-278 (1991)

3) 森慶一郎：漁業資源研究会議報, **22**, 29-52 (1981).

4) G. I. Murphy and R. I. Clutter : Fish .Bull., U. S., **70**, 789-798 (1972).

5) H. Sugisaki : Distribution of larval and juvenile Japanese Sardine (Sardinops melanostictus) in the western North Pacific and itsrelevance to predation on these stages,in"Survival strategies in early life stages of marine resources" (ed.by Y. Watanabe, Y. Yamashita and Y.Oozeki) , A. A. Balkema,1996, pp.261-270.

6) 澤田石城：水産海洋研究, **58**, 335-335 (1994).

7) 平井光行：同誌, **54**, 431-437 (1990).

8) 黒田一紀：同誌, **53**, 458-461 (1989).

9) 首藤宏幸ら：西水研報, **59**, 71-83 (1983)

10) 安楽正照・畦田正格：同誌, **43**, 117-131 (1973).

11) 木村　量：飢餓, "魚類の初期減耗研究" (田中　克・渡邊良朗編), 恒星社厚生閣, 1994, pp.47-59.

12) M.Matsuoka:Ichthyol.Res.,**44**, 275-295 (1997).

13) 和田時夫・荻島　隆：漁業資源研究会議報, **26**, 49-60 (1988).

14) 和田時夫：親潮域での回遊範囲と成長速度, "マイワシの資源変動と生態変化" (渡邊良朗・和田時夫編), 恒星社厚生閣, 1998, pp.27-34.

15) 黒田一紀・栗田　豊・高橋祐一郎：水産海洋研究, **61**, 246-249 (1997).

10. 九州西方海域の稚魚・未成魚

大 下 誠 二 [*1]・永 谷　浩 [*2]

　Watanabe et al. [1] は，マイワシの資源減少期の産卵調査によりマイワシの産卵量が減少していないことから，マイワシ資源の崩壊の原因は連続した加入の失敗にあり，特に摂餌開始期以降の生残率が悪かったからであるとした．九州西方海域のマイワシも冬期に産卵回遊する親魚群をみると 1990 年代から新規に親魚群に加入するものがなく [2]，高齢化した現象が観察されている．このように，稚魚・未成魚期の生態変化を明らかにすることは，マイワシ資源の個体群動態機構の解明に大いに役立つと思われる．本稿では稚魚・未成魚の生態変化を考えるにあたって，親魚・卵および仔魚の生態変化から考えてみる．

§1. 産卵親魚および卵・仔魚の生態変化

　九州西方海域のマイワシの漁獲量は 1980 年代と 1990 年代の初めまで高い水準で推移した．ただし，日本海西南部も合せた九州西方海域の漁獲量は，太平洋北部海域よりも 2 年ほど遅れて減少した．本稿では九州西方海域のマイワシの資源水準を便宜上，資源増大期（1970 年代終りから 1980 年代初めまで），高位安定期（1980 年代中頃），資源減少期（1980 年代終わりから 1990 年代初め）および低位安定期（1990 年代中頃以降）とする．また本文中にでてくる海域名や地名は図 10・1 に示した．

　九州西方海域に来遊する産卵親魚は，1 月初めから玄海灘の定置網に入網し始め徐々に南下する [3]．まき網によるマイワシの漁獲も同様に，冬期に玄海灘から五島灘や五島西沖に来遊する [4]．薩南海域においては，五島灘から南下してきたマイワシの他におそらく九州東岸からの来遊もあろう．九州西方海域を南下するマイワシ親魚の分布について，甑灘において黒潮系暖水（水温約 18℃）がマイワシの南下を妨げるとされる [5]．計量魚群探知機を用いた調査では，高

---

*1 水産庁西海区水産研究所
*2 長崎県庁

位安定期から資源減少期の初めには，マイワシは沿岸海域から沖合域にかけて広く分布していたが，低位安定期には沿岸域（島嶼の近くや内湾）に分布するようになった（Ohshimo *et al.* [6]）．

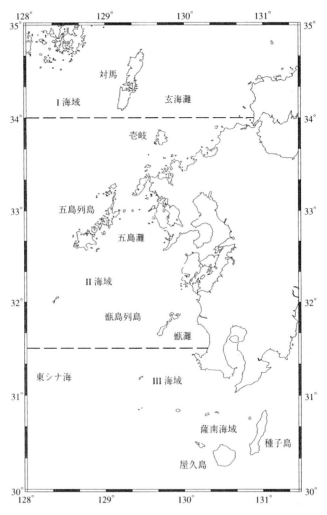

図10・1　九州西方海域の海岸地形図．産卵調査の結果については，I 海域：
北緯 34° 以北，II 海域：北緯 31° 30'〜34°，III 海域：北緯 31°
30' 以南に分けて集計した．

　九州西方海域のマイワシの主産卵期は，増加期には 3 月であったものが，高位安定期には 4 月に変わった（図 10・2）[7]．ところが減少期・低位安定期には再び 3 月にシフトしている [7, 8]．九州西方海域のマイワシ産卵親魚の卵巣組織を観察した結果では，1986 年および 1987 年は 1982 年よりも産卵時期が約 1 ヶ月遅れたこと，さらに 1988 年には再び約 1 ヶ月ほど産卵時期が早まっていることが報告されている [9]．

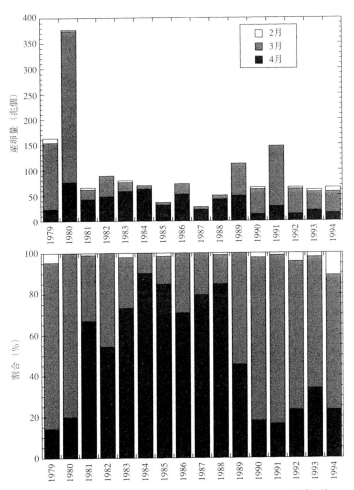

図 10・2　マイワシの産卵時期の変化．長崎県沿岸で調査された産卵調査の結果から，マイワシの資源変動に応じて産卵時期が変化した．

九州西方海域を 3 つの海域に分けて（I～III 海域：図 10・1），総産卵量を求めると（図 10・3），1987 年に最も多かった（松岡・小西，未発表）．1987 年以外で総産卵量が 500 兆粒を越えた年は，1980 年，1984 年および 1988 年～1990 年であった．マイワシの高位安定期には III 海域（薩南海域）における産卵量の割合が増加していたが，資源増大期・資源減少期および低位安定期には I 海域や II 海域の割合が増加し，卵・仔魚分布が北偏した．以上のように，産

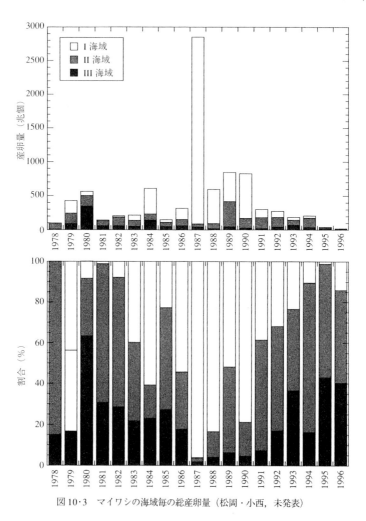

図 10・3　マイワシの海域毎の総産卵量（松岡・小西，未発表）

卵親魚の分布や産卵期・産卵場の変化とマイワシの資源変動に相関があること
は確実である.

§2. 稚魚・未成魚の生態変化

2・1　成　長

マイワシの稚魚・未成魚の生態変化を成長, 加入および分布回遊の面から考
察する. まずマイワシの成長は資源量の多寡により異なることが指摘されてお
り [10], 対馬暖流域で漁獲されたマイワシについても同様である [11]. Hiyama *et
al.* [11] によると, 1983 年以降 1990 年までの年級群では 3 歳魚以上で成長が悪
い. 彼らの論文では 3 歳魚以上の成長しか示していないが, おそらく未成魚期
から成長が悪かったことが考えられる. ところが, 九州西方海域のマイワシの
稚魚・未成魚期の成長に関する系統的な研究報告はない. Ohshimo *et al.* [12] が,
1992・1993 年級群のマイワシ 0 歳魚の成長を耳石日輪を用いて推定した結果
によると, 九州西方海域でふ化・成長したマイワシはふ化後 1 年で約 150 mm
に達する.

過去の知見およびその他の海域でのマイワシの稚魚・未成魚の成長と
Ohshimo *et al.* [11] の成長とを比較してみる. まず九州西方海域のマイワシの成
長を比較すると, 1949〜1951 年級群のマイワシ [13] では 1 年後の体長に
1992・1993 年級群と違いはない. 日本海で漁獲された 1949年〜1951 年級群
[13] は約 20 mm ほど九州西方海域の 1992・1993 年級群より小さい. 1974〜
1980 年級群の日本海西南部で漁獲されたマイワシでも [14], 九州西方海域で成
育したマイワシの方が成長がよい. おそらく, 九州西方海域よりも高緯度にあ
る日本海西南部では産卵期が遅く, 水温が低いことなどからマイワシの成長が
悪いと考えられる.

日本海西南部で漁獲されたマイワシについては, 卓越年級群である 1980 年
級群ではそれ以前の年級群 (1974〜1979 年級群) よりも満 1 年魚時点での成
長が劣っていたことがわかっており [14], カリフォルニア沖のマイワシで成長が
よいほど生残率が高いとした Butler *et al.* [15] の意見とは異なる. これは 1980
年級群から産卵期が 1 ヶ月遅れたことや, 産卵海域が広くなり高緯度帯でふ化
した個体の生残がよかったからかもしれない. 今後は, 個体レベルの成長履歴

を耳石日輪などで解析する必要があろう.

2·2 加 入

Watanabe *et al.*[1] は，マイワシ資源の崩壊の原因が従来のいわゆる critical period の生残の悪さにあるのではなく，摂餌開始期以降の高い死亡率による連続した加入の失敗にあるとした．九州西方海域でも産卵調査の結果から総産卵量が減少していないにも関わらず，1990 年代以降に若齢魚（2 歳魚未満）が産卵親魚資源へ加入していない現象が観察されたことは Watanabe *et al.*[1] の説明と似ている．ところが，九州西方海域では資源減少期にもマイワシの稚魚・未成魚を対象とする漁業の漁獲量は減少しておらず（図 10·4），日本周辺のマ

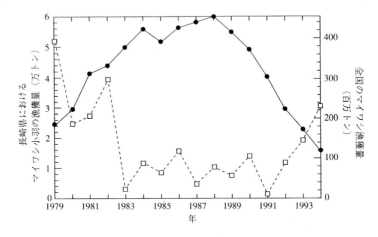

図10·4　長崎県におけるマイワシ小羽（0 歳魚）の漁獲量の推移. 長崎県で漁獲されるマイワシ 0 歳魚の漁獲量（□）と日本周辺のマイワシの漁獲量（●）の経年変化を示す. 日本周辺の漁獲量の変化と長崎県での 0 歳魚の漁獲量の変化は逆相関の関係にある.

イワシ全体の漁獲量の推移と逆の傾向がみられる．永谷ら[7] は，九州西方海域に稚魚・未成魚期に資源へ加入するマイワシについて，卵・仔魚期における受動的な輸送に注目した．1994 年～1996 年の 1 月～4 月にかけて，九州西方海域で計 54,000 枚の漂流ハガキを投入したところ，（1）1～3 月では南東方向に輸送され，（2）4 月では主に北東方向に輸送される．（3）甑島列島の南で投入されたものは，その後の回収率が非常に低い，という傾向が認められた．次に漂流シミュレーションソフト（日本水路協会）を用いて，五島灘・玄海灘にお

いて 10 日間でどの程度，表層の漂流物が輸送されるかを計算した（図 10・5）．シミュレーション結果に緯経度 30 分毎の 3，4 月のマイワシの産卵量を重ねてみると，3 月に産卵された卵はほとんどが五島灘に滞留したのに対し，4 月に産卵されたものは日本海方面に輸送された．まれに，五島西沖で産卵されたマイワシがより西方に輸送されることもあった．

　受動的輸送は，マイワシの遊泳能力でその程度が大きく異なると考えられる．マイワシの体側部の筋肉の発達程度をみると，標準体長 20 mm 程度で水平隔

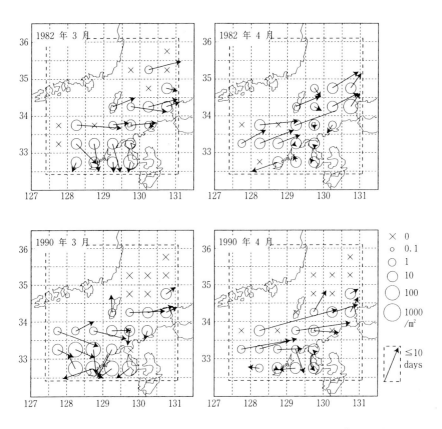

図 10・5　マイワシの輸送シミュレーションの結果．1982 年 3・4 月と 1990 年 3・4 月の 10 日間の漂流シミュレーション結果を示す．漂流シミュレーションには，パラメータとして長崎県女島の 1 時間毎の風向・風速を入力した．矢印は 10 日間に漂流する距離と方向を，丸の大きさはマイワシの産卵量（粒）を示す．

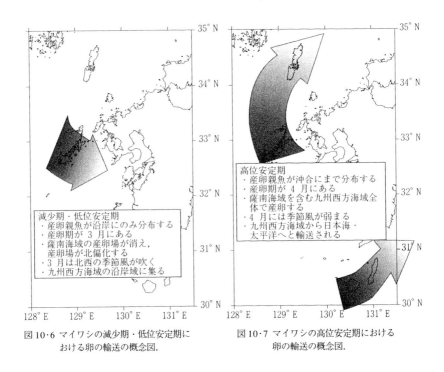

図10·6 マイワシの減少期・低位安定期に
おける卵の輸送の概念図.

図10·7 マイワシの高位安定期における
卵の輸送の概念図.

膜付近に多層の赤筋が形成されるようになる [16]．赤筋は本来の持続的遊泳に必要なものであり，20 mm 以下の仔魚は初歩的な持続遊泳機構しかもたず，受動的輸送を受けやすいと考えられる．九州西方海域で標準体長 20 mm はふ化後約 20 日程度にあたる [12]．マイワシの卵・仔魚の鉛直分布に関しては様々な海域で報告がみられるが，いずれも表面から 30 m 深までに分布するとした例が多い [17, 18]．30 m 深の海水の流動は，表面とほぼ等しいとの結果も得られていることから [19]，ふ化後 20 日以前において漂流ハガキの漂着状況とマイワシの卵・仔魚の輸送状況も似ていると考えられる．

　資源増大期・資源減少期および低位安定期には 3 月が主産卵期であり，五島灘や甑灘が主産卵場であった．したがって，これらの卵・仔魚は南東方向（九州西方の沿岸域）に輸送されると考えられる（図10·6）．一方，高位安定期には主産卵期は 4 月であり，薩南海域，五島灘そして甑灘で産卵がなされていた．薩南海域で産卵されたマイワシの卵・仔魚は太平洋へと [20]，五島灘・甑灘で産

卵されたものは北東方向へと輸送され，一部は日本海にまで達したことにより，九州西方の沿岸域に滞留する割合が減少したと考えられる（図 10・7）．このように考えればマイワシ資源の減少期に九州西方海域でマイワシの稚魚・未成魚の漁獲量が多かった事が説明できる．和田[21] は，マイワシの資源変動に正のフィードバック機構が働いていると考え，稚魚期に黒潮続流域および混合水域を索餌域として利用できることで生残率が高まると仮定した．本稿でも高位安定期にはマイワシの卵～稚魚期に日本海側や太平洋側に分散していることが分かった．黒潮続流域や混合水域がマイワシの初期生活史における索餌域として重要なように，日本海もまた索餌域として重要なのかもしれない．

2・3　分布回遊

日本海側では夏期にマイワシの 0 歳魚が来遊することと，秋には隠岐諸島周辺に 0 歳魚が南下することが報告されている[22]．太平洋側では宮崎県沿岸で漁獲されるマイワシ 0 歳魚の体長組成からみて，別の海域で成長したと思われるマイワシが来遊することが報告されている[23]．おそらく，その一部に九州西方海域でふ化・成長したものが含まれていよう．このように，マイワシの卵～仔魚期の受動的輸送と稚魚・未成魚期の回遊により，九州西方海域から日本海および太平洋に移動来遊することがわかる．一方，庄島[24, 25] は過去の文献調査から，東シナ海域におけるマイワシの西限と南限を考察している．それによると，マイワシは高位安定期には中国沿岸の山東半島にまで出現することがあるが希であり，済州島南部海域で漁獲される程度であり，黄海には分布しない．漁獲の主体は朝鮮半島東岸沖・日本海南西部海域と九州西方海域にかかるところである．また南限については，北緯30°以北が分布の主体であるとしている．

魚類の回遊経路がどのように決定されているのかは，まだ解明されていない点が多い．稚魚・未成魚期までの移動経路や範囲がその後の回遊経路に影響を及ぼし，高位安定期に卵が沖合で産卵され輸送される範囲が広がったと仮定すると，高位安定期に大回遊型のマイワシが出現したことも納得できる．逆に，減少期や低位安定期のように，沿岸域で産卵され九州西方海域の沿岸域で滞留するようなマイワシは小回遊型になるのかもしれない．しかし，この問題は魚類の行動生態的な実験により確認される必要がある．また九州西方海域はその海域の特性上，太平洋と日本海への資源の供給源となっている可能性があり，

九州西方海域のマイワシの生態のわずかな変化が他海域の資源量に影響を及ぼすと考えられる.

文　献

1) Y. Watanabe, H. Zenitani, and R. Kimura : *Can. J. Fish. Aquat. Sci.*, 52, 1609-1616 (1995).

2) 原　一郎：魚種交替の長期予測研究報告書, 16-25 (1997).

3) K. Takeshita, N. Ogawa, T. Mitani, R. Hamada, E. Inui, and K. Kubota: *Bull. Seikai Reg. Fish. Res. Lab.*, 66, 101-117 (1988).

4) 庄島洋一：西海水研ニュース, 55, 2-6 (1987).

5) 森永法政：第 48 回西日本海洋調査技術連絡会議録, 101-103 (1995).

6) S. Ohshimo, T. Mitani, and S. Honda : *Fisheries. Sci.*, 64, In Press.

7) 永谷　浩・大下誠二・一丸俊雄：西海ブロック漁海況研報, 4, 27-34 (1995).

8) 大津安夫：西海ブロック漁海況研報, 4, 35-40 (1995).

9) 松浦修平：水産海洋研究, 57, 35-42 (1993).

10) 和田時夫・柏井　誠：北水研報, 55, 197-204 (1991).

11) Y. Hiyama, H. Nishida, and T. Goto : *Res. Popul. Ecol.*, 37, 177-183 (1995).

12) S. Ohshimo, H. Nagatani, and T. Ichimaru : *Fisheries. Sci.*, 62, 659-663 (1997).

13) Z. Nakai and S. Hayashi : *Bull. Tokai Reg. Fish. Res. Lab.*, 19, 85-95 (1962).

14) 安達二朗：日本海ブロック試験研究集録, 4, 43-55 (1985).

15) J. Butler, P. E. Smith, and N. C. -H. Lo : *CalCOFI Rep.*, 34, 104-111 (1993).

16) M. Matsuoka : *Fisheries. Sci.*, 64, 83-88 (1998).

17) 伊東祐方：日水研報, 9, 1-202 (1961).

18) 小西芳信：南西水研報, 12, 9-103 (1980).

19) 笠原昭吾：日水研報, 6, 31-38 (1960).

20) 宮地邦明：西海水研報, 69, 1-77 (1991).

21) 和田時夫：親潮域での回遊範囲と成長速度, マイワシの資源変動と生態変化 (渡邊良朗・和田時夫編), 1998, pp.27-34.

22) 森脇晋平：水産海洋研究, 60, 11-17 (1996).

23) 黒木敏行：西海ブロック漁海況研報, 5, 23-31 (1996).

24) 庄島洋一：西海水研ニュース, 52, 2-7 (1986).

25) 庄島洋一：西海水研ニュース, 53, 5-10 (1986).

11. 越冬期の未成魚

内 山 雅 史 *

　日本周辺海域に分布するマイワシ *Sardinops melanostictus* の漁獲量変動については，各地の古い漁業の記録から 1550 年代（永禄年間）にさかのぼって概観することができ[1]，その豊凶の周期は約 70 年ともいわれる[2-4]．漁獲統計資料が整備された 1905 年以降も今日までに，1920 年代後半～1940 年代前半および 1970 年代～1990 年代前半の 2 度の豊漁期があった．日本全国のマイワシ年間総漁獲量は，初めの豊漁期のピークである 1936 年に 159 万トンに達した後に減少を続け，1945 年にピーク時の 10 分の 1 である 16 万トンとなった．その後は 50 万トンに満たない不漁期に入り，とくに 1963～1972 年は 1965 年の 9 千トンを最少に 6 万トン未満の不漁年が続いた．1973 年から 2 度目の豊漁期に入り漁獲量は再び増加し，1988 年には日本の総漁獲量の 3 分の 1 に当たる 449 万トンに達した．しかし，漁獲量はその後急激に減少し，1996 年および 1997 年はそれぞれ 32 万トン，28 万トンとなり，ピーク時の 10 分の 1 以下に落ち込み，再び不漁期を迎えている．

　このような漁獲量の増減から，マイワシ資源は極めて激しい変動をすることは明らかである．資源変動に伴うマイワシの生態変化については，すでに 1920～1950 年代における，産卵場，成長，年齢組成，回遊範囲の変化が指摘されている[5,6]．1960 年代から現在に至る時代ではさらに広範に，より詳細な調査が行われ，各発育段階別または海域別に知見を総括することが可能となった．

　常磐～房総の沿岸海域では，冬から春にかけてマイワシ未成魚が来遊する．これらは，1) 体長 12～15 cm（銘柄では「小羽」～「小中羽」に相当する）で，2) 肥満度（体重 / 体長^3×1000）は低く，3) 水深 40～140 m の海域の中層に高密度に分布し，4) 当海域に 3 ヶ月前後とどまって越冬するなどの特徴を示し，太平洋系群の回遊群区分において，"未成魚越冬群"として識別さ

---
* 千葉県水産試験場

れる[7, 8]．本稿では，この"未成魚越冬群"について，1970年代以降の資源量水準の変動に伴う生態変化の事例を紹介する．なお未成魚越冬群の漁期は12月から4月の年をまたがった期間に形成されるので，本文では，例えば1972年12月～1973年4月の漁期については，「1972/73年漁期」と表記した．また，本文で用いた年齢は満年齢ではなく，1月1日を基準に加齢したものである．未成魚越冬群の各年級の年齢は，漁期中の1月1日時点の年齢をもって表した．

§1. 来遊資源量の変動

　未成魚の越冬期は1歳魚がまき網の漁獲対象として加入する時期に当たり，その相対的な来遊量水準は各年級の豊度の指標とされている[9]．ただし資源量の高水準期では，1歳魚の漁獲尾数と未成魚越冬群の来遊量水準との間に相関がみられない年もあり[10]，越冬群の来遊量水準が常に年級豊度の指標になるとは限らない．これは後述するように高水準期には成長速度が遅くなり，2歳魚になっても未成魚として越冬する場合が生じるためである．

　未成魚の来遊量水準は，三陸～房総海域で操業する大中型まき網船間で交信される毎日の操業記録（QRY）から，「小羽」（体長8～12 cm）と「小中羽」（体長12～16 cm）の2銘柄について日別に資源量指数[11]を求め，これを来遊期間である12月から翌年4月までについて合計した値で相対的に表すことができる[12]．これを未成魚越冬群資源量指数とする．

　1970年代以降の未成魚越冬群資源量指数の変動を図11・1に示した．1970年代は豊漁期の始まりをもたらした1972年級の加入[13]により，1972/73年漁

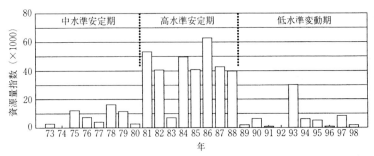

図11・1　マイワシ未成魚越冬群資源量指数の経年変化．集計期間は前年12月から当年4月まで．

期にまとまった来遊があり，同年級を親とする 1974 年級も卓越年級となった．その後さらに卓越した 1977 年級の発生などもあり，1979/80 年漁期までは比較的安定した加入が続き，漁獲量も緩やかな増加傾向を示した．しかし大卓越年級である 1980 年級の加入[14] により 1980/81 年漁期から様相は一変した．1982/83 年漁期の来遊量水準が低かったことを除けば，1987/88 年漁期までは大卓越年級が頻繁に発生し，未成魚越冬群の来遊量は 1970 年代の約 6 倍の水準を維持した．北部太平洋海区のまき網によるマイワシの年間漁獲量も1980 年の 75 万トンから 1981 年の 190 万トンに跳ね上がり，1988 年までは200～250万トンの水準で経過した．ところが 1 歳魚の加入量が前年に比べ急激に低下した 1988/91 年漁期[15, 16] 以降，来遊量は 1992/93 年漁期を除き，極めて低い水準となった．しかも 1990/91 年漁期や 1991/92 年漁期のように，年によっては来遊がほとんど認められず，年による変動が大きかった．以上の未成魚越冬群資源量指数の変動から，1972/73 年漁期から1997/98 年漁期までを中水準安定期，高水準安定期および低水準変動期の 3 つの時期に区分した（図11·1）.

§2. 分布様式の変化

　前節で行った時期区分にしたがって，各時期の未成魚越冬群の漁獲情報から得た分布様式をみると，中水準安定期には常磐南部～房総海域（福島県塩屋埼沖から千葉県九十九里浜沖）の範囲にとどまっていた．高水準安定期に入った1980 年代前半には三陸南部～房総海域（宮城県気仙沼沖～千葉県九十九里沖）に広がり，さらに同後半には分布の北限は三陸北部海域（青森県八戸沖）まで広がった．また高水準安定期には分布範囲の拡大とともに分布密度の増加もみられた．しかし低水準変動期になると，主分布域はふたたび常磐南部～房総海域となり，分布密度も低下した（図 11·2）．Wada and Kashiwai[17] は 1976～1986 年の 7～10 月に道東沖漁場に来遊した 1～4 歳魚を対象に索餌に関するモデルを適用し，1980 年以降では 1979 年以前に比べて索餌域の面積が 4 倍に拡大したことを示した．未成魚越冬群の分布域もほぼ同時期の 1980/81 年漁期に三陸海域へ拡大した．しかし道東海域では成魚も含めた全体の来遊資源量が1970 年代に増加・蓄積を続けた結果，密度依存的に 1980 年に索餌域の拡大が起こったのに対し，未成魚越冬群では極めて豊度の高い 1980 年級群の加入によ

って，来遊量水準が急増し，分布が拡大したと考えられる．

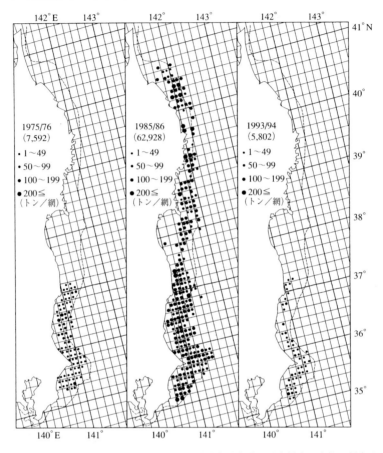

図11・2　来遊資源量の変動に伴うマイワシ未成魚越冬群の分布様式の変化．黒丸は
まき網による漁獲があった位置を示す．また漁期下の括弧内の数値は未成魚越冬群
資源量指数を示す．

　未成魚越冬群の来遊期間をさらに細かく分け，月別の分布状態を見ると，漁
期の経過とともに分布域が北から南に移っていく傾向が認められる．ただし，
高水準期では漁期前半の 12 月および 1 月の分布域が三陸海域から房総海域に
広く及んでいる（図 11・3）．また未成魚越冬群のおよその分布水温は，表面水
温で 10～17℃（平均 14～15℃）といわれ [18]，低水準期にはこの範囲内に分布

している．しかし，高水準期の 12〜1 月には 10℃以下の海域にも分布しており，資源量の増大により本来の好適水温帯より低温域で過ごさなくてはならない魚群もあった．

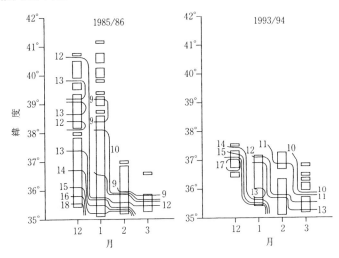

図 11・3　来遊資源量高水準期（左）と低水準期（右）における未成魚越冬群の月別漁場範囲と漁場表面水温の分布．長方形に囲まれた部分は，漁場の南北方向の範囲を，曲線は緯度 5 分毎の漁場表面水温の平均値に基づく等温線を示す．

§3. 生物学的特性の変化

3・1　1 歳魚の体長と肥満度

1972/73〜1997/98 年漁期の常磐〜房総海域には，通常は未成魚とみなすことができる被鱗体長 16 cm 未満の小羽〜小中羽イワシが，1990/91 年と 1991/92 年漁期を除き，ほぼ毎年来遊した．しかし，これら未成魚の体長組成は年により大きく変動している（図 11・4）．各漁期の 1 歳魚の体長および肥満度の変動は，おおよそ来遊量の変動に対応し，中水準安定期と低水準変動期は大型でかつ肥満状態が良好で，高水準安定期では小型でやせている傾向にある（図 11・5）．平均体長は，1972〜1979 年級では1 4.0〜15.9 cm であった．1980 年級では 13.2 cm，1983 および 1984 年級ではそれぞれ1 2.7 cm，12.8 cm まで小型化し，1980 年代 は 1988 年級まで 14 cm を超えることはなかっ

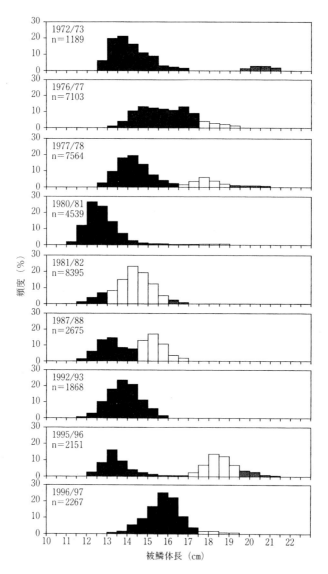

図11・4　2月から翌年3月の常磐〜房総海域に来遊したマイワシの体長組成. n は測定個体数を示す. ヒストグラムの黒塗り部分は 1 歳魚主体, 白抜き部分は 2 歳魚主体, 陰影部分は 3 歳以上魚主体の体長階級を表す. 体長階級別の年齢組成は, 1987/88 年漁期は冨永 [19] を参考にし, 他の漁期はすべて千葉水試資料により推定した.

た．1989 年以降の年級では 13.4～15.5 cm の範囲で大きく変動したが，1980
～1988 年級に比べると大型化した．一方，肥満度は 1982 年級で大きく低下し，
1982～84 年級では 9.4 前後となった．その後は増加傾向となり，1994～97
年級では，1970 年代の年級でもほとんどみられなかった 11 以上の高い水準を
示した．

　1 歳魚の内臓付着脂肪量比（内臓付着脂肪重量 / 体重×100）は，中水準安定期
の 1976 年級では平均 0.86％であったが，高水準安定期の 1980 年級では著しく

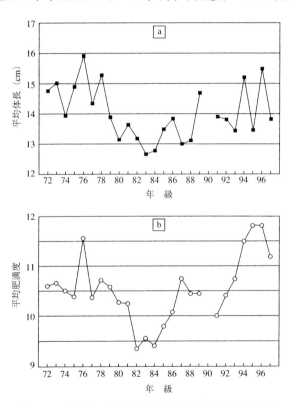

　　　図11·5　マイワシの未成魚越冬期における 1 歳魚の平均体長
　　　　　　（a）と平均肥満度（b）の経年変化（佐藤ら [20] を加
　　　　　　筆改変）．年級は暦年の下 2 桁の数字で表した．1 歳魚
　　　　　　の識別は [21] 体長組成の複合正規分布への分解と年齢査
　　　　　　定データによって行った．各平均値は 12～3 月の期間
　　　　　　について集計した．

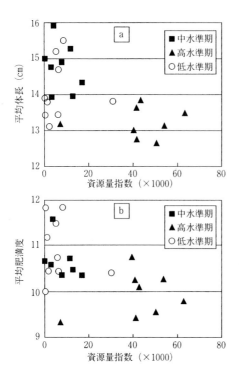

図11·6 マイワシの 1972～97 年級における未成魚越
冬群資源量指数と 12～3 月の 1 歳魚平均体長
（a）および平均肥満度（b）の関係

低下し 0.37％であった．低水準変動期の 1997 年級では 1.07％と再び高くなり，体長や肥満度と同様の変動傾向を示した．体長および肥満度と未成魚越冬群資源量指数の関係には，高水準期から低水準期を通してみると負の相関がみられ，密度効果が働いていると考えられる．しかし，区分した各時期の中では体長・体重と来遊量水準との相関はみられず，密度効果は現れてこない（図 11·6）．とくに中・低水準期の体長は年級による変動が大きく，密度の影響よりも主たる発生時期（誕生日）の相違 [22] や餌料条件の良否による成長差が大きく影響していると考えられる．

3·2　年齢構成と成魚期への移行

体長 16 cm 未満を未成魚とすると，中水準安定期および低水準変動期は未成魚群は 1 歳魚のみから構成されるが，高水準安定期には 2 歳魚を含むようになる（図 11·4）．これは道東海域 [23, 24] と同様，資源量の高水準期に入り，成長に遅れが生じたことによる．ただし低水準変動期に移行した直後では 2 歳以上の各年級に成長の遅れの影響が残る．このため 1988/89 年漁期は，1988 年級の加入量水準が低かったこともあり，未成魚は2 歳魚（1987 年級）主体となった．

　1960 年代後半以降の房総周辺海域では，雌の成熟は年によって体長 15～16 cm 台から始まる場合（1968・1988・1997 年など）と，18 cm 以上に達しないと始まらない場合（1974・1976・1982・1994 年など）の 2 つに大きく分けられる（図 11·7）．資源量水準が極めて低かった 1960 年代～1970 年代初

頭は体長 15〜17 cm の 1 歳魚で成熟した[25]．しかし，卓越年級が産卵親魚と
なり始めた 1974 年以降は基本的に体長 18 cm 未満では成熟しなくなった．そ
して資源量水準に対応した成長の差によって，成熟年齢は中水準安定期と低水
準変動期では 2 歳，高水準安定期には 3 歳以上となった[26]．ただし 1980 年代
後半以降，15〜17 cm で成熟する年級（1986，1994，1996 年級）が数例あ
り，その年齢は低水準変動期では 1 歳[27]，高水準安定期期では 2 歳[28]であっ
た．すなわち，大型または小型のいずれで成熟する場合も，資源量の増減に対
応して未成魚期の延長・短縮がみられる．低水準変動期に入った 1990 年代で

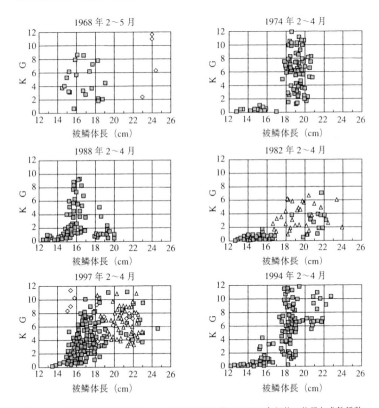

図 11・7　房総周辺海域に来遊したマイワシの産卵期における各個体の体長と成熟係数
　　　　　（KG）の関係．KG の平均値が最高となった月を含めた前後 3 ヶ月間のデー
　　　　　タを用いた．左は体長 16 cm 台からの小型成熟，右は体長 18 cm 以上から
　　　　　の大型成熟のパターン．KG6 以上を"成熟"とした．□ 房総海域，◇ 東京
　　　　　湾，△ 伊豆諸島海域．KG＝生殖腺重量（g）／（体長（cm））^{3}×10^4

は，資源量全体に占める漁獲量の割合（漁獲率）の増加により，1 歳以降の生
残率が1980 年代に比べて低下している（木下，未発表）．このような条件下で
未成魚期を短縮し，より若齢で成熟することは，自分の子をより多く残すのに
有利であろう．

§4．漁況予測への活用と今後の課題

　未成魚越冬群の総漁獲量はニューラルネットを使いかなりの精度で予測が可
能とされている [29] が，漁期中の漁場配分などの予測モデルはまだ確立されてい
ない [12]．漁況予測では漁獲量はもとより漁期の長さ，漁場の位置とその移り変
わり，魚群の分布密度，魚体の大きさなどの総合的な予測が求められる．資源
量水準に対応した生態の差異はこれら漁況の各要素を直接左右する．したがっ
て，資源量水準の段階毎に漁況予測の手法を確立し，異なる段階へ移行した時
は，予測手法も切り替えることが必要となる．生態変化を伴う，資源量水準の
ある段階から別の段階への移行は，未成魚ではとくに不連続に起こる．誤りな
く予測するためには，マイワシ資源の水準が今現在どの段階にあるかを把握し，
その移行期を見逃さないことが必要であろう．今後はさらに他の回遊群につい
ても資源変動に伴う生態の変化を整理することにより，TAC 制度下における
きめの細かい漁況予測とその精度の向上が期待される．

文　献

1 ）伊東祐方：日水研報, 9, 1-227（1961）.
2 ）坪井守夫：さかな, 38, 2-18（1987）.
3 ）坪井守夫：同誌, 39, 7-24（1987）.
4 ）坪井守夫：同誌, 40, 37-49（1988）.
5 ）Z. Nakai : Japan. J. Ichthyol., 9, 1-115 （1962）.
6 ）G. V. Nikolskii : Theory of fish population dynamics as the biological Background for rational exploitation and management of fishery resource（Translated form Russian by J. E. S. Bradley）, Oliver and Boyd, 1969, 323pp.
7 ）平本紀久雄：千葉水試研報, 39, 1-127（1981）.
8 ）平本紀久雄：わたしはイワシの予報官, 草思社, 1991, 277pp.
9 ）平本紀久雄・鈴木達也・内山雅史：千葉水試研報, 53, 1-4（1995）
10）内山雅史・平本紀久雄：千葉水試研報, 56, （投稿中）.
11）能勢幸雄・石井丈夫・清水　誠：水産資源学, 東京大学出版会, 1988, 217pp.
12）内山雅史・和田時夫：平成 7 年度資源管理型漁海況予測技術開発試験報告書, 漁業情報サービスセンター, 1996, pp.58-72.
13）K. Kondo : Rapp. P.-v. Reun. Cons. Int. Explor. Mer., 177, 332-354 （1980）.
14）K. Kondo : Relationships between long

term fluctuations in the Japanese sardine, *Sardinops melanostictus* (TEMMINK & SCHLEGEL), and oceanographic conditions, in "International symposium long term changes in marine fish populations.", 1986, pp. 365-392.

15) 中央水産研究所：長期漁海況予報, **79**, 18-22 (1989).

16) 土屋圭己：茨城水試研報, **28**, 73-79 (1990).

17) T. Wada and M. Kashiwai : Change in growth and feeding ground of Japanese sardine with fluctuation in abundance, in "Long-term variability of pelagic fish populations and their environment" (ed. by T.Kawasaki, S.Tanaka, Y.Toba and A.Taniguchi), Pergamon Press,1991, pp.181-190.

18) 近藤恵一：東海水研報, **124**, 1-33 (1988).

19) 富永　敦：南西外海の資源・海洋研究, **11**, 37-44 (1995).

20) 佐藤千夏子・石田敏則・富永　敦・内山雅史・浅野謙治・木下貴裕・岡田行親・山口昌常：平成6年度マイワシ資源等緊急調査の概要, 北海道区水産研究所ほか, 1995, pp.69-96.

21) 堤　裕昭・田中雅生：体長頻度分布データからの世代解析, パソコンによる資源解析プログラム集, 東海区水産研究所, 1985, pp.189-207.

22) 近藤恵一：これからイワシはどうなる?, イワシ読本（外山健三編著）, 成山堂書店, 1991, pp.216-250.

23) 和田時夫：北水研報, **52**, 1-138 (1988).

24) 三原行雄：北水試だより, **4**, 1-6 (1988)

25) 平本紀久雄：日生態会誌, **23**, 110-125 (1973).

26) 渡部泰輔：水産海洋研究, **51**, 34-39 (1987).

27) 冨永　敦：長期漁海況予報, **105**, (1998).

28) 土屋圭己：茨城水試研報, **28**, 65-72 (1990).

29) 青木一郎・小松輝久：水産海洋研究, **56**, 113-120 (1992).

水産学シリーズ〔119〕　　　　　定価はカバーに表示

マイワシの資源変動と生態変化

Stock Fluctuations and Ecological Changes
of the Japanese Sardine

平成 10 年 10 月 1 日発行

編　者　　渡　邊　良　朗
　　　　　和　田　時　夫

監　修　社団法人 日 本 水 産 学 会

〒108-0075　東京都港区港南　4-5-7
　　　　　　東京水産大学内

発行所　〒160-0008
　　　　東京都新宿区三栄町8　株式会社 恒星社厚生閣
　　　　Tel （3359) 7371 (代)
　　　　Fax （3359) 7375

© 日本水産学会，1998．興英文化社印刷・風林社塚越製本

水産学シリーズ〔119〕
マイワシの資源変動と生態変化
(オンデマンド版)

2016年10月20日 発行

編　者　　　渡邊良朗・和田時夫
監　修　　　公益社団法人日本水産学会
　　　　　　〒108-8477　東京都港区港南4-5-7
　　　　　　東京海洋大学内

発行所　　　株式会社 恒星社厚生閣
　　　　　　〒160-0008　東京都新宿区三栄町8
　　　　　　TEL 03(3359)7371(代)　FAX 03(3359)7375

印刷・製本　株式会社 デジタルパブリッシングサービス
　　　　　　URL http://www.d-pub.co.jp/